Höhlen und Höhlenkunde

D1872799

von Marc Jasinski
Deutsche Bearbeitung von
Prof. Dr. Siegfried Rietschel

Bunte Delphin-Bücherei Nr. 27
Delphin Verlag

© 1966 by Western Publishing International.
All rights reserved. Erschienen im Delphin Verlag, Stuttgart und Zürich, 1975. Alle deutschen Rechte vorbehalten.
Printed in Italy by O.G.A. Mondadori, Verona.
ISBN 3.7735.2727.6

Inhalt

Die Fotos in diesem Buch stammen von:

René Elinger: Seite 101, 103, 104 (unten)
George Fletcher: Seite 140
Marc Jasinski: Seite 11, 14, 16, 18, 20, 21, 22, 23, 24, 27, 28, 29, 30, 31 (unten), 32, 34, 40, 53, 63 (unten), 67, 68, 75, 77, 78, 85, 86, 90 (unten), 92, 104 (oben), 105, 108, 109, 111, 112, 115, 117, 123, 131, 152
Géo. Marchand: Seite 8, 9, 19, 31 (oben), 45, 66, 141, 156
Bill Maxwell: Seite 10, 13, 26, 90 (oben), 132, 134, 136, 137 und Titelbild
Philippe Renault: Seite 64, 83, 93
United States Travel Service: Seite 143
Jean Vertut: Seite 36, 57, 63 (oben), 65

Einführung

Hierzulande ist die *Höhlenkunde* oder *Speläologie* immer noch ein relativ exklusives und unbekanntes Wissengebiet. In anderen Ländern hingegen hat sie eine außerordentliche Bedeutung erlangt — z.B. in Italien und in Jugoslawien, wo es viele Höhlen gibt — oder ist ein ganz übliches Hobby geworden. So gibt es in England ungefährt 300 bis 400 verschiedene Höhlenclubs mit einer geschätzten Mitgliederzahl von ca. 10 000 Amateuren.
Die Erkundung von Höhlen ist nicht nur eines der wenigen echten Abenteuer, die es heute noch gibt, sondern sie ermöglichst auch Forschungsergebnisse von allgemeiner Wichtigkeit: z.B. die Erschließung neuer unterirdischer Wasserquellen und ihre Nutzung für die Erzeugung elektrischer Energie.
Der berühmte französische Speläologe Edouard Martel hat über eine »Höhlenbefahrung« folgendes gesagt:
»Man muß an dieser erregenden und Begeisterung weckenden Form einer Erkundung teilgenommen haben, um ihre Anziehungskraft verstehen zu können, um zu wissen, wie dieser Drang, Unbekanntes zu erkunden, alle anderen Gefühle überwältigen kann, um zu empfinden, wie es kein Zurück mehr gibt im Rausch, Neues zu entdecken, die Verzückung, die völlige Finsternis, das Unerklärliche und den Frieden um sich zu spüren und gleichzeitig die Sonne, sogar das Himmelsblau und damit alles, was die Welt draußen ausmacht, zu vergessen. Alle diese Eindrücke und Empfindungen sind so tief und so außergewöhnlich, daß man sie nie wieder vergessen kann«.
Sinn dieses Büchleins ist es, einem größeren Kreis von Menschen die interessante Wissenschaft der Speläologie und ihre reizvollen Erlebnismöglichkeiten zu erschließen.

Abstieg in der Martell-Galerie (Igue de Goudou, Frankreich)

TEIL I

Wie man ein Höhlenforscher wird
Die notwendige Ausrüstung

Die Ausrüstung sollte einfach und dauerhaft, aber nicht zu schwer und natürlich preiswert sein. Der Höhlengänger braucht Licht und muß sich gegen Kälte, Nässe und Steinschlag schützen.

Lichtquellen: Die ersten Höhlenforscher verwendeten hauptsächlich Kerzen. Der berühmte Edouard Martel erforschte die größten französischen Höhlen mit einer im Hutband seines Homburg eingeklemmten Kerze. Ein Bild in seinem Buch »La France ignorée« (»Unbekanntes Frankreich«) zeigt ihn im Gesellschaftsanzug, tief im Wasser stehend, mit steifem Hut und einer Kerze daran. Eine Kerze kann auch heute noch eine wertvolle Ersatzlichtquelle für einen Höhlengänger sein, der das Pech hatte, seine Hauptlichtquelle zu verlieren. Sie ist billig und verschafft zusätzliches Licht für Lager oder bei kurzen Pausen. Als Hauptlichtquellen werden heute jedoch elektrische oder Karbidlampen verwendet. Da man stets beide Hände zum Klettern frei haben sollte, braucht die Lampe eine passende Halterung, mit der sie am Schutzhelm festgemacht werden kann.

Höhlenuntersuchung bei Kerzenlicht

Elektrische Lampen können mit Trockenbatterien oder Akkumulatoren betrieben werden. Normale Trockenbatterien mit Einzelzellen von etwa 1,5 Volt Spannung haben eine Brenndauer von nur drei bis vier Stunden. Lampen zur Befestigung am Schutzhelm mit drei Zellen à 1,5 Volt kann man in vielen Sportgeschäften kaufen. Leider taugen manche dieser Lampen nicht viel, da sie schlechte Schalter haben und der Behälter für die Batterie nicht wasserdicht ist. Erfahrene Höhlengänger bevorzugen daher eine Lampe mit flacher Taschenlampenbatterie von 4,5 Volt, die mit Schraubklemmen angeschlossen wird. Sie braucht wenig Platz und hat — einschließ-

Biwak bei Kerzenschein

lich einer Plastikhülle — Raum in der Anzugtasche. Die üblichen Schalter sind empfindlich gegen Schmutz und Nässe und sollten durch Bananenstecker ersetzt werden.

Es gibt zwei Arten von Akkumulatoren, die auf der Basis Blei/Säure oder Nickel/Alkali arbeiten. Beide sind schwerer und unhandlicher als Trockenbatterien, jedoch stärker, dauerhafter und verläßlicher in der Stromabgabe. Sie sind in der Anschaffung nicht billig; dafür sind die Ladekosten gering. In gutem Zustand geben sie der Hauptlampe Strom für zwölf Stunden. Noch viel länger kann man eine schwächere Zusatzlampe betreiben, ehe man den Akkumulator wieder laden muß. Die Blei/Säure-Akkumulatoren brauchen einige Pflege und halten nur etwa zwei Jahre, Nickel/Alkali-Akkus sind langlebiger.

Beim Kauf einer elektrischen Lampe sollte man darauf achten, daß der Lichtkegel nicht zu eng ist (mindestens 20-30°), denn

eine kleine, hell angestrahlte Fläche beansprucht die Augen sehr stark und kann auf die Dauer Kopfschmerzen verursachen.
In Karbidlampen verbrennt Azetylengas, das sich entwickelt, wenn Wasser auf Kalziumkarbid tropft.
Durch ein einstellbares Nadelventil wird die Menge des Wassers und damit die Größe der Flamme reguliert. Das Gas geht durch einen Filter zur Düse, die sich vor einem Hohlspiegel befindet. In den meisten Karbidlampen ist ein Feuerstein-Anzünder an passender Stelle fest angebracht, so daß die Flamme augenblicklich wieder ent-

Karbidlampe für Gebrauch am Helm

zündet werden kann, wenn sie durch Zugluft oder Wasser erloschen ist. Für die Erforschung geräumiger Höhlen ist ein großer Reflektor zweckmäßig. Sein Kegel ist breiter, aber sein Licht dementsprechend weniger intensiv. Ein wertvolles Ersatzteil ist ein zusätzlicher, mit Karbid gefüllter Lampenfuß, auf den die Lampe bei Bedarf rasch aufgesetzt werden kann. Auch ein Düsenreiniger sollte nicht vergessen werden, da er für den störungsfreien Betrieb einer Karbidlampe unentbehrlich ist.

Karbidlampen geben ein gutes, diffuses Licht und sind sehr billig im Betrieb. Eine Füllung reicht für drei bis fünf Stunden je nach Ladung und Flammengröße. Karbid ist sehr empfindlich gegen Feuchtigkeit und muß in luftdichten Dosen aufbewahrt werden. Beim Kauf einer Karbidlampe achte man darauf, daß sie einen kräftigen Haken hat, der genau zu der Halterung des Helmes paßt. Die offene Flamme der Karbidlampe darf natürlich nie mit brennbaren Dingen — wie z.B. Nylonseilen — in Berührung kommen. Alte Trockenbatterien und verbrauchtes Karbid sind giftig für Mensch und Tier und sollten daher nicht in Höhlen zurückgelassen werden.

Elektrische Helmlampe, gespeist von einem Trocken-Akku

Am besten legt man sich nicht auf eine Beleuchtungsart fest, sondern bedient sich beider Möglichkeiten: als Hauptquelle hat man dann eine elektrische Lampe mit Strom vom Akku und als Reserve eine Karbidlampe am Helm oder im Utensiliensack.

Um eine große Höhle für einige Sekunden voll auszuleuchten, kann man Magnesiumband verwenden, das beim Abbrennen ein grelles, bläulichweißes Licht gibt. Der weiße Rauch kann aber in feuchter Atmosphäre Nebelbildung verursachen.

Bekleidung: Ein Helm ist für jede Höhlenbegehung unentbehrlich. In hohen Höhlenhallen können selbst kleine, sich von der Decke lösende Steinchen gefährliche Verletzungen hervorrufen. Der Helm soll darum also leicht, aber widerstandsfähig und steif sein, etwa aus glasfaserverstärktem Polyesterharz. Er soll einen Halter für die Lampe und ein Kinnband haben. Beim Lagern oder ruhigem Verweilen an einer Stelle genügt auch eine Wollmütze.

Besonders in engen Gängen ist der Helm eine unentbehrliche Schutzeinrichtung.

Wohl alle Höhlenforscher tragen heute Overalls. Eine aus zwei Stücken bestehende Oberbekleidung ist unpraktisch, denn sie schiebt sich unter den Armen hinauf, wenn der Träger beim »Schliefen« durch enge Spalten nicht mehr weiter kann und zurückkriechen muß. Armand Viré kam in Verlegenheit, als er im Jahre 1898 in eine solche Lage geriet. Zwei seiner Gefährten befreiten ihn aus einer Engstelle der Padirac-Höhle in Frankreich, indem ihm einer die Jacke von vorn über den Kopf zog, während ihm der zweite, der sich noch vor dem Engpaß befand, unter dem Gelächter der anderen Forscher von hinten die Hosen auszog. Aufgrund dieser und ähnlicher Erfahrungen sollten wir als Oberbekleidung immer einen Overall wählen. Er kann durch Gummibänder an den Gelenken und unter den Füßen, ferner durch Innentaschen unter den Armen (für Batterien) und wasserdichte Flecken an Schultern und Hosenboden vervollkommnet werden. Als besonderen Luxus kann man sich an Ellbogen und Knien Schaumgummi einnähen, um das Kriechen angenehmer zu machen.

Unter dem Overall sollte man für kalte Höhlen eng anliegende wollene Unterwäsche tragen. Außerdem ist ein Reserve-Pullover nützlich, den man während der Pausen überzieht. Ein Zuviel an warmer Kleidung kann allerdings auch hinderlich sein, denn man gerät bei der anstrengenden Kletterei ohnehin ins Schwitzen. Auf Leitern und beim Kriechen auf lehmigem Untergrund sind Handschuhe unerläßlich, besonders wenn man zwischendurch fotografieren, schreiben oder zeichnen will, denn dazu braucht man saubere Hände.

Die Meinungen über das zweckmäßigste Schuhwerk sind geteilt. Eigentlich sollte man sich den jeweiligen Gegebenheiten anpassen, in der Praxis wird man aber häufig zu einem Kompromiß kommen müssen. Die besten Allzweckschuhe haben ein Oberteil aus Leder und eine kräftige Profilsohle. Man kann solche Schuhe als feste Wanderschuhe in vielen Schuh- und Sportgeschäften kaufen, und sie brauchen für die Zwecke des Höhlengängers auch nicht allzu teuer zu sein. Spitzenverstärkte Arbeitsschuhe sind ebenfalls brauchbar. Die Schnürriemen sollten durch Ösen zu ziehen sein, da Haken an den Schuhen sich allzuleicht an den Stahlseilen der Leitern verfangen.

Zubehör: Ein wichtiger Teil der Ausrüstung ist ein 4-6 m langes Nylonseil von etwa 10 mm Durchmesser, das sehr vielseitig zu verwenden ist. Es kann als Brustgeschirr dienen; man kann sich über einen Karabiner damit an ein Sicherungsseil anhängen; an schwierigen Stellen kann man Vorratssäcke damit weiterreichen; es dient als Längenmaß, zur Leiterreparatur und im Notfall als Rettungsseil. An diesem Seil sollten Karabiner angehängt sein, damit man sie immer gleich zur Hand hat. Sie sind unentbehrlich zum Verbinden von Leitern, zur Sicherung beim Klettern und Abseilen und zum Befestigen und Sichern von Gepäck. Es gibt viele brauchbare Karabinertypen. Vorzugsweise wählt man einen kräftigen Karabiner, der wie ein D geformt ist und eine Sicherung am Eingang hat, die das Seil am Herausspringen hindert. Nach jeder Benutzung müssen die Kara-

Seilschlinge vor dem Anlegen

Angelegte Seilschlinge mit Karabiner

Verschiedene Typen von Karabinern: der linke, D-förmige, ist der stärkste

biner gepflegt werden, wobei man Feder, Angel und Verschluß säubert und einfettet.

Für topographische Aufnahmen ist ein Kompaß nötig. Man sollte dafür ein Modell mit einem sehr gut ablesbaren Zifferblatt aussuchen. Notizbuch, Bleistifte und ein kleines Taschenmesser dürfen nicht fehlen. Wenn Echos und das Rauschen unterirdischer Gewässer eine normale Verständigung schwierig machen, ist eine Signalpfeife von großem Wert. Sie kann an einer Schnur um den Hals getragen und im Overall verborgen werden. Eine Uhr, die das Eindringen von Schmutzwasser mit Sicherheit ausschließt, ist unbedingt erforderlich (wasserdichte Taucheruhr!). Ein kleiner Erste-Hilfe-Beutel und Nahrungsmittel vervollständigen die Liste der persönlichen Ausrüstung. Die Nahrungsvorräte können je nach Geschmack und Dauer der Expedition in einer Tafel Schokolade und einigen Traubenzukkertabletten, aber auch in einem reichlichen Proviantbeutel bestehen. Auf jeden Fall sollte eine kleine Reserve hochwertiger Nahrungsmittel über den voraussichtlichen Bedarf hinaus mitgeführt werden. Ein verstauchter Knöchel oder ein plötzliches Ansteigen des Wassers in einer Höhle können ein Notlager erforderlich machen. Zusätzliche Nahrung ist in so einem Falle lebenswichtig.

Noch ein Wort der Warnung: Das Wasser ist in Höhlen oft verschmutzt, denn der Filtereffekt ist bei raschem Durchfluß durch Spalten sehr gering. Man sollte daher eine Feldflasche oder ein anderes geeignetes Gefäß mit Mineralwasser oder Fruchtsaft bei sich haben. Ist man bei längeren Expeditionen gezwungen, Höhlenwasser zu verwenden, so muß man es zuvor abkochen.

Überfüllte Taschen oder gar Rucksäcke machen bestimmt an der ersten Engstelle Schwierigkeiten. Man verwende für seine Ausrüstung darum einen Segeltuchsack (Schleifsack). Das persönliche Gepäck eines Höhlengängers mit akkugespeister Lampe am Helm sieht zusammenfassend wie folgt aus:

Ein Kompaß (gut geschützt), Notizbuch, Bleistifte, Nylonschnur, 4—6 m lang, mit Karabinern für Brustgeschirr, 2 Päckchen Verbandsstoff, Mullbinde, Karbidlampe mit 1/2 kg Karbid extra (gut verpackt), 2 Kerzen und Zündhölzer, wasserdicht verpackt. Werkzeug: 1 kleines Taschenmesser, Kombizange und Schraubenzieher, 1—2 Reservebirnen, gegen Bruch geschützt, Reservedüse und Düsenreiniger für Karbidlampe; ferner Verpflegung sowie eine Dose Fruchtsaft und Traubenzuckertabletten.

Kein Segeltuchsack ist völlig wasserdicht, zumal wenn er als »Schleifsack« notfalls am Erdboden nachgezogen wird. Zerbrechliche Dinge und alles, was trocken bleiben muß, sind daher besonders zu verpacken. Man kann dafür Plastikbeutel verwenden, am besten eignen sich jedoch gepolsterte, dicht schließende Metallbehälter.

Höhlenausrüstung

Gruppenausrüstung

Leitern: Heute werden nur noch leichte, bewegliche Drahtseilleitern verwendet. Sie haben an beiden Seiten ein Kabel aus hochreißfestem, verzinktem Stahldraht von ca. 4 mm Durchmesser bei über 1000 kg Tragkraft. Die Sprossen sind aus Duraluminiumrohr, haben 12,5 mm Durchmesser und sind zwischen den Seilen etwa 12,5 cm lang. Die Seile sind durch Löcher in den Sprossen geführt und mit Klammern daran befestigt. Der Abstand von Sprosse zu Sprosse beträgt etwa 25 cm. Die Klammern müssen so angebracht sein, daß sie die Kabel nicht beschädigen, und sie dürfen kein Kupfer enthalten, da sie sonst im feuchten Höhlenklima Kontaktkorrosion am Eisen und Aluminium hervorrufen würden. Die Kabel enden in Schlingen mit eingehängten »Hadesringen«, die durch kreuzweises Ineinanderschieben eine sichere und mühelose Verbindung der Leitern unter Beibehaltung des Sprossenabstandes garantieren. Dies ist für den störungsfreien Übergang von Leiter zu Leiter wichtig. Die Leitern sind in der Regel 10 m lang und wiegen etwa 1,5 kg. Sie lassen sich zusammenrollen und können so auch durch Engstellen bequem transportiert werden.

Seile: Hanfseile werden kaum mehr verwendet, da sie leicht faulen und dann unversehens reißen. Sie sind umständlich zu säubern und zu trocknen und auch bei guter Pflege nicht sehr dauerhaft. Nylon ist ein sehr gutes Seilmaterial, wenn man seine besonderen Eigenschaften beachtet. Da es leicht brennt, muß man offenes Licht (brennende Karbidlampen) von ihm fernhalten. Es dehnt sich auch nicht uner-

Verbindung von zwei Leitern

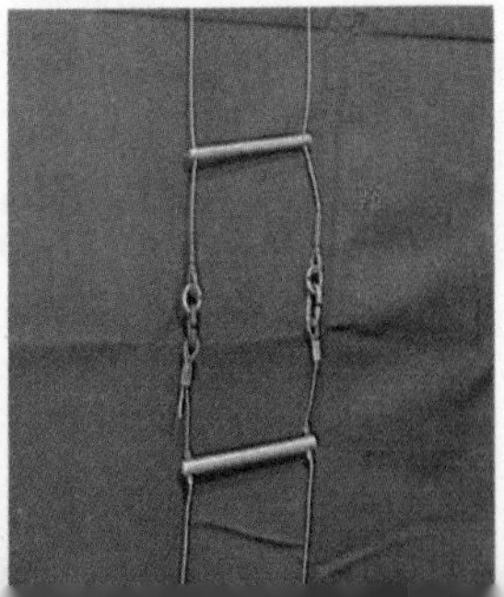

heblich, was beim Sichern und Abseilen berücksichtigt werden muß. Der Umfang der Nylonseile sollte nicht weniger als 32 mm betragen (das entspricht etwa 10 mm Durchmesser), um auch am nassen Seil einen sicheren Griff zu gewährleisten. Ein geschnürtes Nylonseil dieser Stärke hat über 1800 kg Reißkraft. Um ein Aufdrehen zu verhindern, sollte man das Seil vor dem Abschneiden von der Rolle schlagen und die Enden für ein paar Sekunden in einer Flamme zu einem festen Stumpf verschmelzen. Andere synthetische Materialien, die billiger und leichter sind als Nylon, sollte man nur bei voller Garantie ihrer Brauchbarkeit verwenden.

Felshaken sind Stahlklingen mit einem Ring an einem Ende. Sie werden in Felsspalten und Risse getrieben, um feste Ankerpunkte für Seile und Leitern sowie künstliche Griffe und Tritte für Hand und Fuß zu schaffen. Es gibt Haken für lotrechte Risse mit Klinge und Loch in einer Ebene und solche für waagrechte Spalten mit dem Ring senkrecht zur Klinge. Ein Seil oder Leiterende darf nie direkt durch den Ring eines Felshakens geführt werden; es muß immer ein Karabiner dazwischen gehängt sein. Wenn der Fels keine geeigneten Risse aufweist, nimmt man statt der Felshaken Leichtmetall- oder Stahlbolzen (Bohrhaken). Sie werden in Löcher eingeschlagen, die man mit dem Schlagbohrer im Fels vorgebohrt hat. Dieser Technik bedient man sich in zunehmendem Maße, besonders auch bei der Herstellung dauerhafter Wege.

Der **Felshammer** (Fäustel) dient zum Ein- und Ausschlagen von Felshaken

Vier verschiedene Typen Felshaken

Richtig!
Seilbefestigung über einen Karabiner

Falsch!
Seilbefestigung unmittelbar durch die Öse des Felshakens.

sowie zum Abschlagen scharfer oder unsicher erscheinender Felsstücke. Um ihn nicht im unpassenden Augenblick zu verlieren, sichert man ihn mit einer Schlaufe ab.

Steigleitern sind Leiterstücke mit drei bis vier Sprossen aus Hartaluminium. Sie werden bei »grifflosen« Felsen paarweise eingesetzt. Auf der einen Steigleiter stehend, macht man die andere über sich an einem Haken fest. Man steigt dann auf die höhere Leiter um, zieht die erste Leiter nach und klettert, beide Leitern abwechselnd einsetzend, nach oben weiter.

Kletterstangen: Schlammbedeckte Felswände sind kaum zu erklettern, besonders wenn sie keine für Felshaken brauchbaren Risse aufweisen. Man kann in solchen Fällen eine Stange mit angehängter Drahtseilleiter gegen die Felswand lehnen. Dieser »Kletterbaum« wird in der Höhle aus etwa 180 cm langen Teilstücken zusammengesetzt. Jedes Teilstück, das aus Hartaluminium-Rohr von 50 mm

Durchmesser besteht, muß dabei fest im erweiterten und verstärkten Ende des anderen sitzen.
Sind solche Kletterbäume 12 m hoch oder höher, müssen sie in möglichst großer Höhe durch Querseile seitlich gegen Verrutschen abgesichert werden.

Schlauchboote: Höhlengewässer sind tückisch und meist sehr kalt. Trotzdem kann man kürzere Strecken in ihnen schwimmend zurücklegen. Im allgemeinen verwenden Höhlenforscher aber Schlauchboote für ihre Wasserfahrten. Das Boot muß groß genug sein, um zwei Personen zu tragen, dabei aber möglichst schmal. Es soll Handgriffe oder Ringe an den Seiten und Enden haben, damit man es gut tragen oder ziehen kann. Die Wandung muß aus sehr kräftigem Material bestehen, damit sie Verletzungen durch scharfe Steine widersteht. Wenn man nicht ein sehr guter Schwimmer und zudem äußerst widerstandsfähig gegen Kälte ist, sollte man sich keinem Schlauchboot anvertrauen, ohne eine Schwimmweste oder einen Taucheranzug zu tragen. Eine Schwimmweste ist meist schwer und unhandlich. Für den Höhlenforscher kommen nur solche in Frage, die aus zahlreichen, dauernd luftgefüllten Kammern bestehen und besonders reißfest sind.

Schlauchboot und Schwimmweste

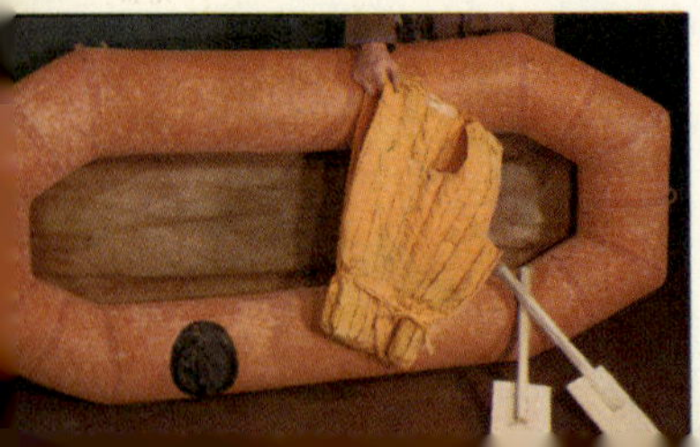

Taucherausrüstung: Ohne richtige Ausrüstung kann man allenfalls sehr kurze *Siphons* erforschen. Ein Siphon ist ein bis zur Decke mit Wasser gefüllter Höhlenanteil. Manchmal mag es nur eine Felsnase von wenigen Zentimetern Breite sein, die ins Wasser herunterragt. In einem solchen Falle kann man natürlich leicht ohne Taucherausrüstung unter ihr hinwegtauchen, wie es Norbert Casteret im Jahre 1922 bei der Erforschung der Montespanhöhle in den französischen Pyrenäen tat. Er erforschte, allein auf sich gestellt, den Höhlenfluß, und als er durch einen Siphon

Tauchausrüstung

aufgehalten wurde, verpackte er eine Kerze und Streichhölzer in seiner Gummikappe und durchschwamm zwei hintereinander befindliche kurze Siphons in völliger Dunkelheit. Das war natürlich äußerst gewagt, und heute gibt es so gute Tauchausrüstungen, daß man keine derartigen Risiken mehr einzugehen braucht. Das »Aqualung« genannte Atemgerät wird mit Preßluft aus einem Druckbehälter gespeist, und die verbrauchte Atemluft tritt frei aus. Zur Ausrüstung gehört außerdem ein mit Schaumgummi gefütterter Anzug, der gegen Kälte schützt, Taucherbrille, Flossen, wasserdichte Lampe, Uhr, Kompaß und Tiefenmesser.

Durchtauchen eines Siphons

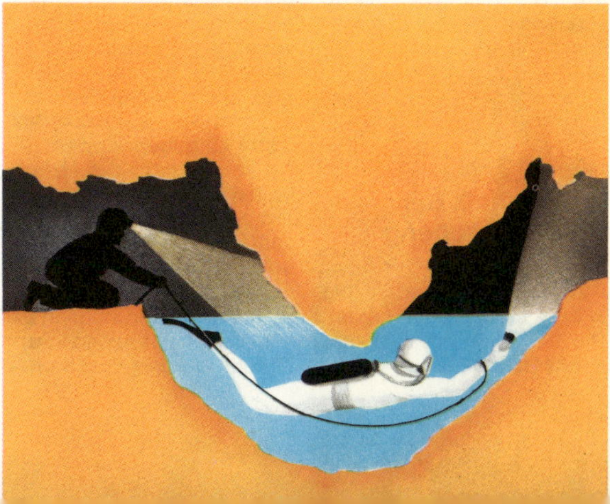

Die Wände und Böden der Siphons sind oft dick mit Schlamm bedeckt, der durch den Schwimmer aufgerührt wird. Das Wasser wird dann trüb, und der Rückweg muß unter schlechtesten Sichtbedingungen angetreten werden. Taucher bewältigen dieses Problem dadurch, daß sie mit einer Leitleine ihren Weg markieren. An ihr können sie dann zurückfinden. Niemand sollte Tauchunternehmungen in Höhlen alleine durchführen. Man muß immer einen gut ausgerüsteten Tauchbegleiter haben, mit dem man zusammenarbeitet, denn das Höhlentauchen ist so gefährlich, daß man eigentlich nur davon abraten kann, es überhaupt zu versuchen. Wer es dennoch nicht lassen kann, der schließe sich einem Tauchsportklub an.

Schlechte Sicht für Taucher durch aufgewirbelten Schlamm

Die Technik der Höhlenforschung

Das Team: Man sollte nie allein in eine Höhle gehen. Die geringste Störung, ein kleiner Unfall oder der Verlust der Lichtquelle können bange Stunden und viel unnötige Mühe für die Retter bedeuten. Fürs Klettern mit dem Seil braucht man ohnehin mehrere Gefährten. Jede richtige »Höhlenbefahrung« erfordert mindestens vier Teilnehmer. Ein Mann allein ist auch gar nicht in der Lage, einem verletzten Kameraden wirklich zu helfen.

Man sollte versuchen, ein aufeinander eingespieltes Team zu bilden, in dem jeder seine bestimmte Aufgabe hat (z.B. Klettern, Kartieren etc.). Größere Gruppen sollten aufgeteilt werden und sich in Abständen auf den Weg machen, damit längere Aufenthalte an schwierigen Stellen vermieden werden.

Senkrechte Abstiege, Schallotung: Nach mühevollem Abstieg ist die Gruppe an einem tiefen Schacht angelangt. Die Strahlen der Lampen verlieren sich in bodenloser Finsternis. Ist das Loch nun 20, 50 oder gar 100 m tief? Um das herauszufinden, ist es unter Höhlenfahrern üblich, einen Stein hineinzuwerfen und zu warten, bis man das Geräusch seines Aufpralls am oberen Schachtende hört. Folgende Tabelle läßt die Tiefe des Loches abschätzen.
Leider ist diese Methode unzuverlässig. Felsvorsprünge können den Stein unterwegs abprallen lassen, der Boden des Schachtes kann mit Lehm bedeckt sein, der das Geräusch des Aufpralls dämpft, oder das Rauschen eines Höhlenbaches kann alles andere übertönen.

Zeitdauer	Tiefe
1 sek	5 m
2 sek	15 m
3 sek	50 m
4 sek	90 m
5 sek	135 m

Wenn man auf dieses Höhlenfahrerritual schon nicht ganz verzichten will, so sollte man doch sicherstellen, daß sich niemand am Grunde eines Schachtes aufhält bevor man einen Stein hineinwirft.

Teamarbeit: Der Führer der Gruppe beschließt, einen Abstieg mit Leitern zu versuchen. Zunächst müssen alle Steine, die auf die Kletterer fallen könnten, vom Rande des Schachtes entfernt werden. Dann sucht man einen sicheren Ankerpunkt für die Leiter. Ein großer Felsblock oder ein entsprechend geformter Zacken im gewachsenen Fels wären geeignet. Falls so etwas nicht vorhanden ist, sucht man einen tiefen, engen Riß in gesundem, nicht brüchigem Fels. Man schlägt, je nach Verlauf des Risses, einen horizontalen oder vertikalen Felshaken so ein, daß seine Spitze leicht gegen die Horizontale nach unten geneigt ist und der Ring lotrecht steht. Der Haken muß so tief wie möglich, also bis zum Ring, eingeschlagen werden. Beim

Einschlagen hört man an dem Klang, der mit dem Eindringen des Hakens im Ton immer höher wird, ob es sich um gutes, tragfähiges Gestein handelt. Ein plötzlich veränderter Ton zeigt an, daß der Sitz des Hakens schlecht ist. Die Leiter wird nun mit einem Karabiner an den Ring des Felshakens gehängt. Wenn nötig, kommt noch eine Kabel- oder Seilschlinge dazwischen. Wenn die Felswand durch fließendes oder fallendes Wasser naß ist, muß man durch geeignete Mittel, z.B. einen in den Felsen verkeilten Stab, die Leiter vom Felsen abhalten. Sie sollte auch so aufgehängt werden, daß mindestens drei Sprossen über dem oberen Schachtrand liegen, um einen guten Einstieg zu gewährleisten. Man sollte nie eine ganze Leiterlänge auf einmal in die Tiefe werfen, da dies zu Steinschlag, zum Hängenbleiben der Stahlkabel an scharfen Felsvorsprüngen und zur Verlet-

An einem Haken befestigte Leiter

Felshaken sollten von schräg oben oder waagrecht bis zur Öse eingeschlagen werden

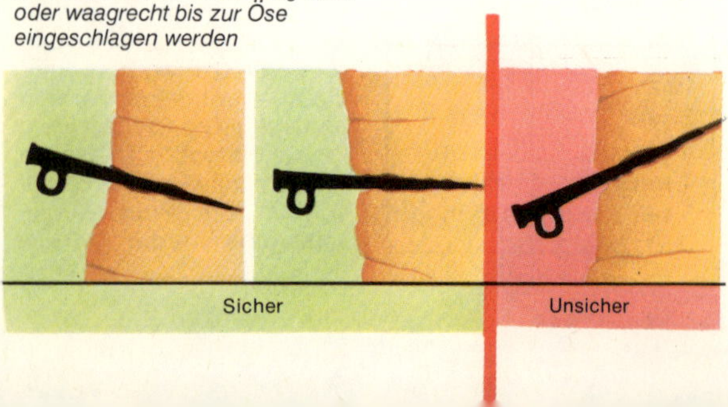

zung der Drähte führen kann. Man läßt die Leiter allmählich herab und, wenn nötig, kann mit Hadesringen oder Karabinern gleich eine zweite Leiter angehängt werden.

Das Sicherungsseil: Nachdem die Leiter bis zum Boden des Schachtes herabgelassen wurde, muß man noch ein Sicherungsseil anbringen, das den Absteigenden gegen Sturz sichert, wenn er etwa ausrutscht oder einen Schwächeanfall erleidet. Ist er durch einen Kameraden am oberen Ende des Schachtes gesichert, so kann er sich unterwegs ungefährdet ausruhen und ein etwaiger Fehltritt oder Sturz kann sofort gebremst und sicher aufgefangen werden.

Wie sichert man richtig?

1. Der Sichernde muß selbst fest verankert sein. Eine Seilschlinge, durch einen Karabiner seines Brustgeschirrs geführt, sichert ihn an einem zweiten Ankerpunkt, unabhängig von dem der Leiter. So kann ihn auch ein Sturz des Gesicherten nicht aus dem Gleichgewicht bringen und mitreißen.
2. Das Sicherungsseil ist mit einem verläßlichen Knoten (z.B. einem Bulin-Knoten) an einem Karabiner des Brustgeschirrs des Gesicherten befestigt.
3. Der Sichernde führt das ihn mit dem Gesicherten verbindende Seil unter einer Achselhöhle durch und über die andere Schulter. Wenn das Seil sehr glatt ist, kann er es noch einmal um seinen Arm schlingen, um die Bremswirkung auf seinem eigenen Rücken noch besser kontrollieren zu können. Er darf ganz nach Belieben stehen oder sitzen, nur muß er fest im Gleichgewicht und selbst gut gesichert sein.
4. Vor dem Abstieg des Kletterers muß das Sicherungsseil gut aufgerollt werden, damit es glatt und ohne Schlingenbildung abläuft.
5. Das Seil soll immer recht stramm gehalten werden, ohne dabei den Absteigenden zu hemmen. Dieser signalisiert dem Sichernden seine

Wünsche mit einer Pfeife. Dabei heißt ein Pfiff »Halt«, zwei Pfiffe »Seil anziehen« und drei Pfiffe »Seil nachlassen«. Diese Signale sind be-

Leiterabstiege: Man muß zunächst richtig auf der Leiter stehen. Damit sie nicht schwingen kann, legt man die Arme um sie herum und faßt von rückwärts

Schlechtes Sichern

Richtiges Sichern

wußt so gewählt, denn selbst wenn eines der Zeichen überhört werden sollte, kann nichts passieren, was die Sicherheit gefährdet. Hört man z.B. nur einen Pfiff statt der abgegebenen drei, so bedeutet dies keine Gefahr, sondern nur eine Verzögerung.

an. Die Füße setzt man abwechselnd mit der Spitze und der Ferse voran auf die Sprossen. Die Beine tragen die Last des Körpers und leisten beim Aufstieg die Arbeit. Die Arme soll man hierfür nicht gebrauchen, sie dienen nur zum Festhalten.

Wenn man aus irgendeinem Grunde eine Pause einlegen will, sollte man sich mit einem Karabiner seiner Brustschlinge an einem Stahlkabel der Leiter, keineswegs aber an einer Sprosse, festhaken. Am Ende des Abstiegs springe man nie mit einem Satz von der Leiter. Was man für festen Boden gehalten hat, könnte ein Haufen loser Steine sein und ein gefährlicher Sturz wäre die Folge. Niemals darf mehr als eine Person gleichzeitig auf der Leiter sein. Unten angelangt, suche man rasch Deckung vor eventuellem Steinschlag.

Um den Sichernden nicht oben zurücklassen zu müssen, zieht man das Sicherungsseil zuletzt so ein, daß es von unten bedient werden kann. Es muß dazu die doppelte Länge der Leiter plus einige Meter extra messen und wird oben durch den Karabiner des Ankerhakens geführt. Dann wird es so lange von unten gehalten, bis der letzte Mann abgestiegen ist. Bei der Rückkehr werden die Leitern durch eine an ihrem unteren Ende befestigte Reepschnur hinaufgezogen. Dies sollte zugleich mit dem Aufstieg des letzten Mannes erfolgen, der aufpassen muß, daß die Leiter nicht an Felsvorsprüngen hängen bleibt. Aus kurzen Schächten kann man die Leiter auch auf einmal von oben aufziehen.

Nach Gebrauch müssen die Leitern für den Transport aufgerollt werden. Üblich ist, daß man die Sprossen nach der einen und ab-

Schlechte Leitertechnik

Richtiges Klettern auf der Leiter

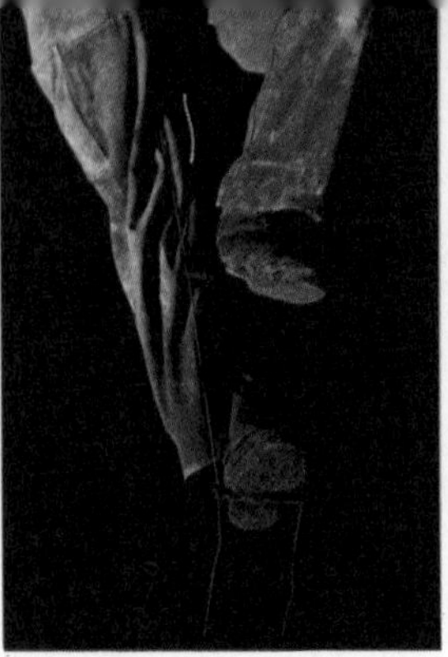

So sollen die Füße auf der Leiter eingesetzt werden.

wechselnd der anderen Seite dreht. So erhält man, zusammengelegt, ein kompaktes Paket. Neuerdings legt man die Leitern lieber in Ziehharmonikaform zusammen, um eine Verdrehung der Kabel zu vermeiden. Man legt zwei Sprossen auf den Boden, faltet die nächsten zwei darüber und fährt so fort, bis zum Ende. Auch so ergibt sich ein recht festes Paket.

Abseilen: Senkrechte Wände kann man sehr schnell durch Abseilen bewältigen. Aus einer Seilschlinge fertigt man einen Sitz für Rücken und Oberschenkel, der aus drei separaten, durch einen Karabiner verbundenen Schlingen besteht. Das Abstiegsseil wird auch durch diesen Karabiner geführt und über die eine Schulter und durch die andere Achselhöhle gezogen. Die Bremsung erfolgt durch die Reibung des Seils an den Kleidern, und man kann sich ohne Gefahr bis zu 1 Meter pro Sekunde hinablassen. Natürlich muß man sich vorher einen bequemen Rückweg sichern, da man am Seil kaum wieder hochklettern kann. Das Abseilen braucht, genauso wie der Leiterabstieg, natürlich vor allem eine gute Verankerung oben. Der Höhlenforscher sollte es nie versuchen, ohne die Technik vorher am Berg ausgiebig geübt zu haben.

Aufrollen der Leiter

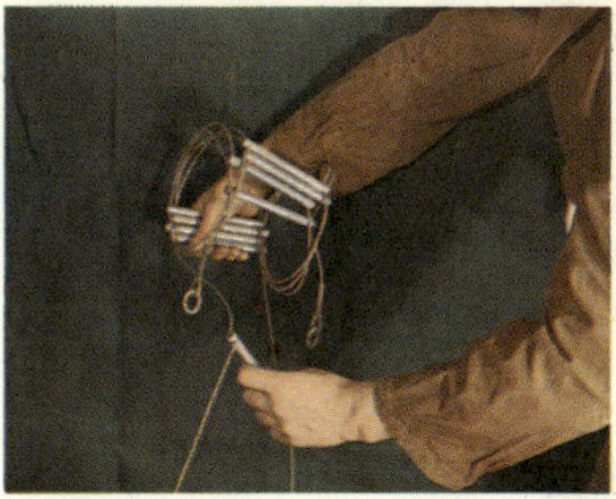

Seilwindenabstiege: Leiterabstiege sind so ermüdend, daß man schon früh versuchte, Seilwinden beim Erforschen tiefer, senkrechter Schächte zu verwenden. Auf diese Weise wurde 1896 der 120 m tiefe Schacht der Gaping Gill-Höhle in Yorkshire in England bezwungen. Heute gibt es leichte Seilwin-

Zum Transport kann das Seil zur Kette geschlungen werden.

den, wie z.B. das Abseilgerät des alpinen Bergrettungsdienstes, die bequemer und rascher zu handhaben sind, als die damaligen Geräte. Aber die kleinste Störung kann auch heute noch eine lange Wartezeit für den in seinem Brustgeschirr am Seil hängenden Mann bedeuten. Inzwischen ist er dem Schwindelgefühl durch das sich drehende Seil, dem Steinschlag und bisweilen auch der Nässe fallenden Wassers ausgesetzt. Um ihn besser zu schützen, hat man daher für solche Fälle einen auf einer Metallplatte aufgebauten Käfig aus Leichtmetallrohren verwendet. Dies geschah z.B. bei den Abstiegen des South Wales Caving Club in die Balinka-Höhle in Jugoslawien in den Jahren 1964 und 1966. Das Kabel der Seilwinde wurde dabei auch für eine Telefonverbindung mit dem Insassen des Käfigs verwendet.

Abseilsitz

Das Abseilen

Ein solches Kabel ist außerdem natürlich als zusätzliche Sicherung im Falle eines langen Leiterabstieges von großem Nutzen.

Felskletterei: Manchmal sind in der Decke einer Höhle schwer zugängliche Öffnungen, die zu Gängen mit prächtigen Steingebilden führen. Beim Verfolgen von Wasserläufen kann es nötig sein, Felsstufen und Wasserfälle zu überwinden. Seit ungefähr

30 Jahren ist man z.B. dabei, die Cigalere-Grotte in den französischen Pyrenäen, in der 27 Wasserfälle den Weg blockieren, zu erforschen. An diesem langen Zeitraum mag man die Schwierigkeit solcher Unternehmungen ermessen. Kaminklettern ist ein Ausdruck aus der Sprache der Felskletterer. Ein »Kamin« wird von zwei, in geringem Abstand voneinander stehenden Wänden gebildet. Der Kletterer lehnt sich mit Schultern und Rücken an die eine und mit Händen und Füßen oder Knien an die andere Wand und arbeitet sich in die Höhe, indem er erst die Körperteile an der einen und dann die an der anderen Wand aufwärts schiebt. So kann man recht gefahrlos und ohne sonderlich zu ermüden in die Höhe kommen. Man muß die Technik der Felskletterei gut beherrschen, bevor man Höhlenfahrten unternimmt. Ton und Lehm, die den Fels schlüpfrig machen, erschweren das Klettern in feuchten Höhlen außerordentlich. Was in einer trockenen, besonnten Felswand einfach erscheint, ist untertage oft schwierig und anstrengend. Daher wird der Kletterstil hier kaum beachtet, sondern am Ende zählt nur der Erfolg. Man klettert mit Knien, Ellbogen und Rükken, wo und wie auch immer man Halt findet. Bei grifflosen Wänden muß man natürlich künstliche Kletterhilfen heranziehen.

Kletterstangen: Wenn alle üblichen Techniken unmöglich sind, kann man eine Kletterstange verwenden. Ist genügend Platz vorhanden, setzt man sie am Boden zusammen und stellt sie dann gegen die Wand. In engen Schächten muß man die Stange aus ihren Teilstücken in aufrechter Stellung zusammensetzen, indem man ein Stück nach dem anderen unten anfügt. An der Spitze sind die Leiter, zwei Verspannseile und ein Karabiner für das Sicherungsseil befestigt. Die Stange sollte etwa 1 m höher sein als das Niveau, das man erreichen will. Sie steht sicher bei einem Anlehnwinkel von etwa 70°, wenn Ober- und Unterende gut verkeilt und die Verspannungsseile seitlich hoch genug befestigt sind.

Traversieren ist Klettern in horizontaler Richtung. Bei richtiger Sicherung führt ein Sturz hierbei nur zu einem längeren Pendeln am kurzgehaltenen Seil. Der Sichernde muß sich gut verankern, und der Voraus-

Das Oberende einer Kletterstange mit Leiter und Sicherungsseilen

Klettern auf der von einer Kletterstange gehaltenen Leiter

Traversieren auf einem Felsband

kletternde schlägt unterwegs Felshaken ein, an die er das Sicherungsseil mittels Karabiner und Seilschlinge anhängt. So schafft er sich laufend neue Ankerpunkte. Das Seil dient den ihm folgenden Kameraden als Handseil. Sie können sich daran auch noch mit ihren Karabinern anhängen. Solche, durch Drahtseil permanent gesicherte Traversen findet man an schwierigen Stellen häufig begangener Höhlen, z.B. in der Ogof Ffynnon Ddu-Höhle in Süd-Wales.

Engstellen (Schliefstrekken): Die Wände der Höhle kommen einander näher, die Decke wird immer niedriger. Man muß sich bükken und auf den Knien rutschen, dann kriecht man auf allen Vieren, und zum Schluß scheint es nicht mehr weiterzugehen. Aber ein Luftzug aus dem engen Loch zeigt an, daß die Höhle hier nicht zu Ende ist. Der Schlankste will einen Versuch wagen. Er legt den Helm ab und entleert seine Taschen. In Rücken- oder Seitenlage, einen Arm voraus über dem Kopf, den anderen fest am Körper anliegend, windet er sich vorwärts. durch allerlei Bewegungen seines Rumpfes kommt der »Schliefer« langsam vorwärts, und wenn er Glück hat, wird die Strecke vor ihm bald wieder etwas weiter. Aber vielleicht ist das Loch doch zu eng und er muß zurück. Seine Kleider rollen sich dann an ihm zusammen, und schließlich sitzt er fest. Mit vorsichtigsten Bewegungen und in ausgeatmetem Zustand wird er schließlich doch so weit zurückkommen, daß er einen neuen Versuch unternehmen kann. In etwas veränderter Stellung und nach Ablage weiterer Kleidungsstücke wird es ihm beim zweiten Mal vielleicht gelingen, die Engstelle zu passieren. Eine Engstelle überwinden zu müssen, ist immer unangenehm. Die Schwierigkeit erhöht sich, wenn auf die Engstelle schmale Schächte und Gänge folgen, die man nur kriechend passieren kann. Das sind schwere Belastungsproben für den Höhlenfahrer, zumal wenn er sein Gepäck hinter sich herschleifen muß. Und noch ein Wort der Warnung! Man gehe niemals allein und nie mit dem Kopf voran in eine abschüssige Engstelle. Man muß auch an den Rückweg denken, und dann braucht man oft jemanden, der einen wieder herauszieht.

Hier wird's eng!

Engstellen können durch Werkzeuge oder Sprengstoff erweitert und passierbar gemacht werden. Dies ist aber immer mit Mühe und Arbeit verbunden. Ist die Verengung durch Schlamm oder Ton verursacht, so sind Schaufeln und Spitzhacken nötig. Der Abraum kann auf einem bootähnlichen Blechschlitten oder auch mit einem Sack weggeschafft werden. Ist der Durchgang durch stalagmitische Auswüchse am Boden behindert, so kann zuweilen ein kräftiger Hammerschlag genügen, den spröden Kalzit zu zertrümmern und den Durchgang freizumachen. Diese Art, sich den Weg zu bahnen, ist aber nur erlaubt, wenn es unvermeidlich und erfolgversprechend ist, andernfalls darf man die gewachsene Formation nicht zerstören.

In festem Fels kann nur Sprengstoff helfen. Hierbei muß man die für Besitz und Umgang mit Sprengstoffen geltenden Vorschriften beachten und natürlich auch selbst die nötigen praktischen Erfahrungen haben. Die Erlaubnis der jeweils zuständigen Behörde bzw. des Grundstückeigentümers ist, je nach Lage der Dinge, gleichfalls erforderlich.

Manchmal wird der Durchgang einer Höhle durch Geröll und Steinblöcke am Fußende eines Schachtes blockiert. Einen solchen Steinhaufen kann man bisweilen durch eine eiserne, ca. 1,20 m lange Brechstange beseitigen, an deren oberem Ende ein Seil festgemacht ist. Man steckt die Stange fest in den Schutthaufen und versucht durch kräftiges, ruckweises Ziehen an dem Seil die lose Steinmasse aus der Entfernung in Bewegung zu setzen, was bei einiger Geduld auch häufig gelingt.

Unterirdische Gewässer: In horizontalen Höhlen kann man, einem Wasserlauf folgend, mühelos die schönsten Entdeckungen machen. Man vermeide dabei, ins Wasser zu steigen; es lohnt sich, trocken zu bleiben, da man mit nasser, am Körper klebender Kleidung schnell auskühlt und friert. Natürlich muß man bereit sein, ins Wasser zu gehen, wenn sich dies nicht vermeiden läßt. Wenn möglich, sollte man dabei die Kleidung ablegen, damit man sich anschließend wieder aufwärmen kann.

Zusammenrütteln eines Versturzes

Wenn der Fluß nicht gar zu tief ist, kann man gefahrlos darin waten, falls das Wasser nicht kälter als 12—14° C ist. Bei tieferer Temperatur soll man sich nicht zu lange darin aufhalten, und bei eiskaltem Wasser kann selbst ein kurzes Verweilen gefährlich sein. Natürlich darf ein Taucher, geschützt durch seinen Schaumgummianzug, der ihm zugleich Auftrieb gibt, viel länger im Wasser bleiben. Solche Taucheranzüge werden immer mehr auch von Nichttauchern getragen, wenn sie in wasserführende Höhlen gehen. Es gibt aber auch Wasserschutzanzüge, die man über leichter Kleidung tragen kann. Sie schließen die Füße mit ein und sitzen an den Handgelenken und am Halse an. Diese Anzüge eignen sich für die Begehung wasserführender Höhlen außerordentlich gut.

Selbst ein begeisterter und ausdauernder Höhlenfahrer wird in wirklich tiefem Wasser bald aufgeben. Er braucht andernfalls zumindest ein aufblasbares Schlauchboot, das — weil es leicht verletzlich ist — vor scharfen Felskanten und genagelten Schuhen geschützt werden muß. Man besteigt das Schlauchboot, die Arme gleichmäßig auf beide Ränder gelegt, mit den Knien zuerst und möglichst ohne das Gleichgewicht zu stören. Fortbewegt und gelenkt wird es in knieender Stellung mit Paddeln oder Brettstückchen, mit denen man sich in Engstellen auch von den Seitenwänden oder der Decke der Höhle abstoßen kann. Schlauchboote kentern leicht. Man sollte daher eine Schwimmweste anziehen, sofern man nicht ohnehin einen Taucheranzug trägt. Niemals darf man im Schlauchboot einen Rucksack auf dem Rücken haben, denn er würde einen im Falle eines Kenterns — trotz des Auftriebes durch einen Taucheranzug — unfehlbar in die Tiefe ziehen. Gepäck muß gesondert im Boot liegen und gut angebunden sein.

Über kurze Stromschnellen kann das Boot hinweggehoben werden. Senkt sich die Höhlendecke allmählich bis ins Wasser, befindet man sich vor einem sogenannten Wasserverschluß, einem Siphon. Der vorsichtige Höhlenforscher wird an dieser Stelle umkehren. Hat er Mut und Erfahrung als Höhlentaucher, so kann er später mit einigen verläßlichen Gefährten und guter Ausrüstung zurückkommen, um die Möglichkeiten zur Überwindung des Siphons durch Tauchen zu untersuchen. Dabei muß er freilich große Vorsicht walten lassen. Es gibt in der Welt nur sehr wenige gute und vielseitig erfahrene Höhlentaucher. Niemand ist den zahlreichen Gefahren unterirdischer Siphonstrecken voll gewachsen, und auch der tüchtigste Taucher braucht immer noch viel Glück, will er mit diesem gefährlichen Sport alt werden. Die großartigen Erwartungen, die man an das unbekannte Dunkel jenseits eines Siphons knüpft, erfüllen sich nur selten; aber schon viele Höhlentaucher sind in den trügerischen Gewässern unerforschter Siphone zu Tode gekommen. Kein Siphon gleicht dem anderen. Die wassergefüllte Siphonstrecke ist bisweilen ganz kurz und besteht nur aus einem schmalen Felsvorsprung an der Decke und einer Ansammlung von Schlamm oder Steinen im Flußbett, hinter der sich das Wasser aufstaut. In einem solchen Fall kann man vielleicht durch Beseitigung des Staus den Wasserspiegel so weit senken, daß man frei passieren kann. In einem anderen Fall kann man versuchen, einen Siphon leerzupumpen oder das Wasser daraus mit einem Schlauch flußabwärts abzusaugen. Für Rettungsaktionen hat man elektrisch betriebene Kreiselpumpen zur Entwässerung von Siphonen erfolgreich eingesetzt.

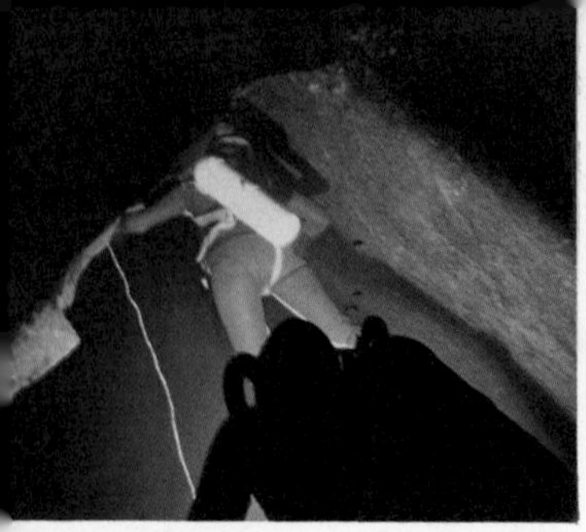

Höhlentauchen

Wie man Höhlenfahrten plant

Kurze Ausflüge: Mit einigen Gefährten stehen wir am Eingang einer uns unbekannten Höhle. Vor uns liegt unsere Ausrüstung am Boden: Leitern, Seile, Felshaken, Karabiner, Schlauchboot, Lampen, Verpflegung, Reparaturwerkzeug, Fotoapparat Blitzlicht. Haben wir etwas vergessen?
Nein, wir haben nichts vergessen, sofern wir vor dem Aufbruch mindestens einer verantwortungsbewußten Person Nachricht gegeben haben über:

1. Unsere Aufbruchszeit;
2. die genaue Lage der besuchten Höhle;
3. die von uns vorgesehene Rückkehrzeit.

Im letzten Punkte sollte man vorsichtig sein und viel Zeit für Irrtümer und unerwartete Zwischenfälle einkalkulieren, damit Freunde und Verwandte sich nicht ängstigen und etwa unnötige und kostspielige Rettungsaktionen einleiten. Wir müssen bei der Planung vernünftig vorgehen und keine Ziele ins Auge fassen, die mehr als 15—20 Stunden einschließlich einer angemessenen Reservezeit erfordern. Pierre Chevalier hat den Zustand einiger Mitglieder seines Teams, nachdem diese 30 Stunden ohne Schlaf zugebracht hatten, wie folgt beschrieben: »Sie schliefen am Rande von Abgründen ein, hörten gespenstische Signale und konnten selbst ihre einfachsten Bewegungen nicht mehr kontrollieren.« In einem solchen Falle muß man, trotz aller sonst gebotenen Vorsicht, so rasch wie möglich zurückkehren, notfalls unter Aufgabe von Ausrüstung, die für den Rückweg nicht gebraucht wird und später abgeholt werden kann. Zum Trainieren sollte man eine schon bekannte und gut kartierte Höhle wählen. Ihre Karte kann studiert und die Menge des mitzunehmenden Materials sowie die benötigte Zeit können besser geschätzt werden. Trotzdem sollte man auch in so einem Falle einen Sicherheitsfaktor einkalkulieren, besonders was die vorgesehene Rückkehrzeit anbetrifft. Auch kurze Höhlenbesuche können zu wichtigen Entdeckungen und wissenschaftlichen Ergebnissen führen. Die meisten europäischen Höhlen sind von ihren Erforschern auf kleinen, gelegentlichen Ausflügen erstmals begangen und kartiert worden. So wurde in der großen Ogof Agen Allwed-Höhle in Südwales eine Strecke von etwa 1 km Länge, die aber über 5 km vom Höhleneingang entfernt war, von einem Team von sechs Mann der Chelsea-Höhlenforschungsgesellschaft während einer Expedition von nur 18 Stunden Dauer genau erforscht und aufgenommen.

Große Forschungsunternehmen: Um sehr große und schwierige Höhlen zu erforschen, braucht man erhebliche Hilfsmittel. Statt vieler kurzer Besuche wird es nötig sein, größere Expeditionen vorzunehmen, für die tonnenweise Ausrüstung gebraucht wird. Mehrere kleine Gruppen von Höhlenfreunden, versehen mit Campingausrüstung, arbeiten bis zu 150 Stunden unter Tage, um eine höchst bewegliche Spitzengruppe von Forschern zu unterstützen. So sind Höchstleistungen möglich, wie die Überwindung von 1000 m Höhendifferenz in der Gouffre Berger-Höhle in Frankreich.

Zelten unter der Erde: Nässe, Kälte und Schlamm können auch einen begeisterten Höhlenfahrer mit der Zeit entmutigen. Bedrohliche schwarze Felsen ringsum und das Tosen fallenden Wassers verstören das Gemüt. Aber unter einem bunten Zeltdach, beim leise summenden, warmen Ölofen, der die Luft trocknet und ein gutes Mahl erhitzt, findet man bald Ruhe und Entspannung. Zelte dürfen natürlich nur aufgestellt werden, wo sie sicher vor Flut und Steinschlag sind. In der Nähe sollte gutes Trinkwasser zu finden sein. Man muß auch allgemein auf strengste Hygiene achten. Die Zelte müssen auf festem Grund sicher verankert und die Verspannseile an großen Blökken oder Felshaken angebracht sein.

Man sollte unbedingt feuchtigkeitsisolierte Zelte, möglichst mit einer Schaumstoffschicht am Boden, benützen. Es lohnt sich zu versuchen, das unterirdische Zeltlager so angenehm und komfortabel zu machen, wie das Campen draußen unter freiem Himmel. Dazu braucht man ausreichend Beleuchtung, innerhalb der Zelte und am Zeltplatz (Karbidlampen), Luftmatratzen und warme Schlafsäcke.

Biwakieren unter Tage: Abgehärtete Höhlenfahrer vermeiden es gerne, schwere Campingausrüstung mitzuschleppen und begnügen sich oft über mehrere Tage und Nächte hinweg unter der Erde mit Biwaks in ihren Schlafsäkken. Im Jahre 1960 verbrachte eine Gruppe von sechs Höhlenforschern zwei Wochen in der Ogof Agen Allwed-Höhle in Südwales ohne Zelte und nur leicht ausgerüstet. Jeder hatte außer seinem Schlafsack und persönlichen Kleinigkeiten nur eine Garnitur Kleidung zum Wechseln bei sich. Nahrungsmittel und Fotoausrüstung bildeten die Hauptmenge des Gepäcks. So war die Gruppe sehr beweglich und konnte sich auf ihrer Expedition einen umfassenden Überblick über diese größte englische Höhle verschaffen. Dem Biwakieren muß auch die Ernährung angepaßt werden, indem man häufig kleine Mahlzeiten einnimmt. Heißer Tee mit viel Zucker und konzentrierte, kalorienreiche Nahrung wie Butter, Schinken, Ölsardienen, Schokolade, Trockenobst und Kekse sollten in wasserdichter Packung mitgeführt werden. Auch manche Konserven sind durchaus geeignet.

Lager-Strategie: Höhlenforscher haben von Bergsteigern gelernt, für besonders schwierige und langwierige Aufgaben eine Kette von aufeinander folgenden Dauerlagern einzurichten. Diese werden mit reichlich Lebensmitteln und Materialien versehen und liegen in Abständen, die es ermöglichen, die größten Höhlen in Etappen zu erforschen, von denen keine mehr als 15 Stunden beansprucht. Die Spitzengruppe kann das letzte dieser Lager ausgeruht und in guter Kondition verlassen, um das Endziel der gesamten Expedition zu erreichen.

Natürlich eignet sich nicht jede Methode für alle Aufgaben gleich gut. Die Padirac-Höhle in Frankreich wurde 1951 durch ein Team von 22 Mann, von denen jeder etwa 24 kg Gepäck zu schleppen hatte, erforscht. Jedes Mitglied der Expedition war durchschnittlich sechs Tage unter der Erdoberfläche. Das Resultat war enttäuschend. Man kam nur etwa 500 m weiter in die Höhle hinein als eine frühere Expedition, nachdem man zuerst etwa 5 km eines nicht kartierten Flußlaufes überwinden mußte. Das Mitschleppen großer Mengen von Ausrüstung erwies sich als eine sehr schwere Belastung, besonders als das Material naß und dadurch noch schwerer wurde. Im Jahre 1962 machte man einen neuen Versuch in derselben Höhle, diesmal mit leichtem Gepäck und nächtlichen Biwaks und kam tatsächlich etwa 5 km weiter voran als 1951.

Für den Transport werden Rucksäcke ohne Traggestell verwendet. An kräftigen Ringen befördert man sie in den Schächten hinauf und hinunter. Oft arbeiten mehrere Gruppen von Trägern als »Sherpas« für eine Spitzengruppe. Sie bereiten, abgesehen vom Transport, auch die Abstiegswege und Lager vor, so daß das Spitzenteam sich ganz seiner eigentlichen Aufgabe, der Erforschung der Höhle, widmen kann.

Verbindung mit der Außenwelt: Bei länger dauernden Expeditionen ist eine Sprechverbindung mit der Außenwelt wünschenswert. Sie gibt den Teilnehmern ein Gefühl der Sicherheit. Es ist dann möglich, Flutwarnungen rasch zu übermitteln, Hilfe anzufordern und etwa notwendige Rettungsmaßnahmen zu dirigieren. Für eine solche Verbindung sind die üblichen militärischen Feldtelefone an sich geeignet, aber unbequem, weil sie recht schwer sind. Es gibt heute leichte Telefone mit entsprechendem Zubehör, die allerdings für die Mitnahme auf eine Expedition gut verpackt und sorgfältig gegen Schlamm und Wasser geschützt werden müssen. Man kann mehrere Apparate und auch ein Bandaufnahmegerät an eine Leitung anschließen, so daß außer der Verbindung nach außen auch ein besserer Kontakt innerhalb der Gruppe und eine Dokumentation aller Gespräche möglich sind.

Drahtlose Sprechverbindungen sind in größeren Höhlen meist unbefriedigend und unverläßlich, wenn sie auch manchmal, so z.B. in Schächten, wo die Leitern als Antennen wirken, gut zu sein scheinen. Ihre Vorteile gegenüber dem normalen Telefon sind aber so gering, daß hier der Gesichtspunkt der Verläßlichkeit entscheidend sein sollte.

Gefahren der Höhlen

Unterirdische Flüsse Vorsichtsmaßnahmen: Unterirdische Flüsse fließen unregelmäßig; sie sind manchmal tief und außerhalb der Tropen immer kühl oder kalt. Sie ähneln oft Wildbächen, die bei Hochwasser rasch reißend und gefährlich werden. Um Unfälle zu vermeiden, sollte man in wasserführenden Höhlen immer einen Taucheranzug oder eine Schwimmweste tragen. Es ist sehr wichtig, rechtzeitig über drohende Unwetter und Hochwasser unterrichtet zu sein. Bei länger dauernden Expeditionen geschieht dies durch Telefonverbindung mit der Außenwelt.

Hochwasser: Reißende, tosende Ströme sind unter der Erde besonders tückisch. Man gehe deshalb bei unsicherem Wetter nie in eine wasserführende Höhle hinein. Ratschläge örtlicher Höhlenkenner sollte man genauso beachten wie die Wettervorhersagen. Trotz aller Vorsicht kann es passieren, daß man durch steigende Wassermassen in einer Höhle eingeschlossen wird. Zunächst muß man dann einen sicheren Biwakplatz

Entdeckungsfahrt auf einem Höhlenfluß

finden. Eine trockene Galerie, möglichst weit oberhalb des Flußniveaus und ohne Spuren früherer Überflutungen, bietet die größte Sicherheit. Die Örtlichkeit sollte natürlich auch frei von Steinschlag, Tropfwasser und starkem Luftzug sein und womöglich in der Nähe Trinkwasser bieten, Bedingungen, die insgesamt nicht leicht zu finden sein werden. Lebensmittel müssen rationiert und gleichmäßig verteilt werden, da man sich u.U. für einige Tage Wartezeit einrichten muß. Nicht einwandfreies Wasser muß abgekocht und mit Licht muß sparsam umgegangen werden. Man sollte in so einem Falle, nachdem man den Biwakplatz so gut wie möglich eingerichtet hat, nicht in Untätigkeit verfallen. Man untersuche die nähere Umgebung, schreibe Berichte oder beschäftige sich mit Fotografieren. Auf keinen Fall darf eine Panikstimmung aufkommen; Man bedenke, daß man mit wenig oder selbst ohne Nahrung längere Zeit überleben kann. Als Führer eines Teams muß man verhindern, daß einzelne Mitglieder versuchen, auf eigene Faust gefährliche neue Wege zu erkunden. Solche Suche bietet kaum Chancen und hat schon zu vielen tödlichen Unfällen geführt. Man warte lieber auf den Rückgang der Flut und auf die Retter, die alles Nötige mitbringen werden, um der geschwächten Mannschaft einen ungefährdeten Rückweg zu ermöglichen.

Erste Hilfe bei Ertrinkungsgefahr: Unter Höhlenbedingungen gibt es nur eine aussichtsreiche Methode der künstlichen Beatmung: die von Mund zu Mund. Der Gerettete wird auf den Rücken gelegt, mit zurückhängendem Kopf, damit die Atemwege von Wasser und Schleim befreit werden. Dann hält man ihm die Nase zu und der Retter beatmet ihn etwa 12mal pro Minute kräftig durch den Mund; die vom Retter ausgeatmete Luft enthält noch genügend Sauerstoff, um die Atmung des Geretteten wieder in Gang zu setzen, wenn es nicht ohnehin schon zu spät dafür ist. Die Beatmung muß, wenn nötig, einige Stunden lang fortgesetzt werden, bis ein Arzt zur Stelle ist. Auch wenn die Beatmung Erfolg hatte, sollte der Gerettete, so schnell wie möglich, in ärztliche Behandlung kommen.

Stürze: Unachtsamkeit und Bruch von Ausrüstungsmaterial sind die Hauptgründe von Unfällen in Höhlen.

Unachtsamkeit: Die meisten Unfälle könnten verhindert werden, wenn man einige, auch in diesem Buch beschriebene Grundregeln streng einhält. Der vorsichtige Höhlenfahrer wird bisweilen mit Leuten zusammentreffen, die ihn auslachen und die, scheinbar ungestraft, viele Regeln mißachten. Ihr Spott wird ihm keinen Schaden zufügen; Schaden wird erst entstehen, wenn er sich von ihrer Unvorsichtigkeit anstecken läßt. Man seile sich für jede Kletterstrecke, jede Traversierung und jeden Leiterabstieg an, selbst wenn es sich nur um einige wenige Meter handelt. Auch beim Überschreiten eines Geröllhaufens und beim Sichern eines Seilgefährten, also immer wo dies irgend angebracht erscheint, sollte man selbst sicher angeseilt sein. In Höhlen sollte man nie springen. Man könnte auf einem Haufen loser Steine landen und so unglücklich stürzen, daß man durch Verstauchung oder Bruch nicht mehr gehfähig ist. Dabei bedenke man stets, daß der kleinste Unfall in einer Höhle eine interessante Expedition in eine für alle Teilnehmer mühselige Rettungsaktion verwandeln kann.

Bruch von Ausrüstungsgegenständen läßt sich immer vermeiden. Es ist immer noch billiger, schadhafte Seile, rostige Leitern oder verbogene Karabiner wegzuwerfen, als einen Bruch zu riskieren. Man sollte sein Material regelmäßig pflegen und rechtzeitig überprüfen. Die Stahlkabel der Leitern nützen sich durch Reibung an den Felsen rasch ab, und man sollte sie nie durch Hineinwerfen in einen Schacht unnötigen Belastungsproben aussetzen. Seile altern bei starker Beanspruchung rasch; auch mit ihnen sollte man pfleglich umgehen. Ein verbogener Karabiner läßt sich nicht ausrichten und muß fortgeworfen werden. Frühzeitige Kontrolle verhindert späteren Ärger.

Steinschlag: Diese Gefahr ist nie ganz auszuschließen. Man kann sie vermindern, wenn man aufmerksam beobachtet und ständig auf der Hut ist. Ein guter Schutzhelm ist unentbehrlich, und bei Schachtabstiegen müssen alle losen Steine von der Oberkante entfernt werden.

Unfälle: Trotz aller Vorsicht kann es zu Unfällen kommen. Wenn der Verletzte noch gehen kann, muß er möglichst rasch aus der Höhle begleitet werden. Kann er nicht mehr gehen, so braucht man eine Tragbahre. Bevor diese zur Hand ist, muß man versuchen, den Verletzten unter Beachtung aller Regeln für Erste Hilfe vorsichtig an einen trockenen und sicheren Platz zu bringen, dort gut warm zu halten und ihm Gesellschaft zu leisten. Andere Mitglieder des Teams sollten etwaige Hindernisse auf der Rückroute zu beseitigen suchen.
Außer in extremen Notfällen oder bei ganz kleinen Verletzungen, sollte man ohne einen Arzt nur die Erste Hilfe leisten. Versucht man eine laienhafte Behandlung des Verletzten, so kann leicht mehr Schaden als Nutzen entstehen. Gottlob sind ernstliche Unfälle sehr selten. Sind sie einmal geschehen, so bleibt nichts anderes übrig, als mit Sorgfalt und Umsicht das Nötige für eine Rettung zu veranlassen.

TEIL II

Was ist eine Höhle?

Kalksteine und ihre Verwitterung: Insgesamt dürfte es auf der Welt einige Hunderttausend Höhlen geben. Sie sind nicht in allen Gesteinsformationen gleichmäßig verbreitet. Nur der allerkleinste Teil von ihnen liegt in Urgestein (z.B. Granit, Gneis) und in vulkanischen Gesteinen (z.B. Basalt, Lava). Auch in gewöhnlichen Ablagerungsgesteinen (z.B. Tonschiefer und Sandstein) sind Höhlen sehr selten. Fast immer durchziehen sie einen besonderen Typ von Ablagerungsgesteinen, die Kalkgesteine.

Kalkgesteine können organischen oder anorganischen Ursprungs sein (siehe Bunte Delphin-Bücherei, Band 4, »Steine und Minerale«, Seite 128/129). Sie bestehen hauptsächlich aus Kalzium-Karbonat in Form des Minerals Kalzit oder auch, in dem mit dem Kalkstein nahe verwandten Dolomitgestein, aus Kalzium-Magnesium-Karbonat in Form des Minerals Dolomit.

Kalksteine haben eine besondere Eigenschaft: sie werden von kohlendioxidhaltigem Wasser aufgelöst. In der Atmosphäre ist das gasförmige Kohlendioxid (CO_2) allgegenwärtig, wenn auch nur in sehr geringer Konzentration. Normale Luft enthält 0,03 Raumanteile CO_2-Gas, das sind 300 Kubikmillimeter im Liter. Die Konzentration kann aber stellenweise erheblich größer sein, so z.B. in den

Porenräumen der Humusböden, die über vielen Kalkvorkommen mit Höhlen liegen.

Das Kohlendioxid ist aus Kohlenstoff und Sauerstoff zusammengesetzt, zwei Elementen, die an der Erdoberfläche außerordentlich häufig sind und bei allen Lebensvorgängen eine große Rolle spielen. Alle Lebewesen gewinnen ihre Energie durch den Abbau von Kohlenstoffverbindungen (Kohlehydraten, Eiweißstoffen), wobei als Abbauprodukt Kohlendioxid entsteht, das zumindest teilweise in die Atmosphäre abgegeben wird. So ist der Kohlendioxidgehalt der Luft seit dem ersten Erscheinen von Leben auf der Erde allmählich angestiegen. Wenn sich Kohlendioxid in Wasser löst, entsteht eine schwache Säure, die Kohlensäure (H_2CO_3).

Auch das Meerwasser enthält Kohlensäure. Ebenfalls darin gelöste Kalzium- und Magnesium-Ionen bilden mit der Kohlensäure Kal-

Kreislauf des Kohlendioxids

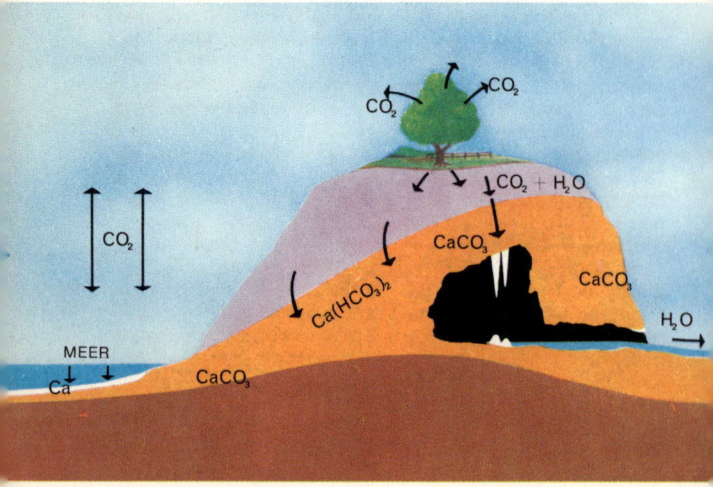

zium- und Magnesiumkarbonat. Diese Salze sind in Wasser unlöslich und sammeln sich deshalb am Meeresboden an. Auch viele Seetiere entnehmen dem Meerwasser Kalzium- und Karbonat-Ionen, um daraus ihre Schalen und Skelette aufzubauen, die dann später, nach dem Tod der Tiere, ebenfalls auf den Meeresboden absinken. So lagern sich im Laufe von Jahrtausenden am Meeresboden mächtige Schichten von Kalkgesteinen ab.
Wir kennen Kalkgesteine aus allen Erdzeitaltern, bis zurück in das Präkambrium vor etwa 2—3,5 Milliarden Jahren. Auch heute entstehen ständig neue Kalkablagerungen, aber es verschwinden auch viele Kalkstein-Vorkommen durch die Verwitterung. Dabei ist es hauptsächlich die Kohlensäure, die den Kalkstein nach folgender Gleichung angreift:

$$Cao_3 + CO_2 \quad H_2OCa(HCO_3)_2.$$

Das bedeutet in Worten: Aus wasserunlöslichem Kalziumkarbonat, Kohlendioxid und Wasser entsteht das wasserlösliche Kalziumbikarbonat.
Diese Reaktion ist umkehrbar; es besteht ein chemisches Gleichgewicht zwischen den Konzentrationen dieser vier Stoffe. Je nach den Umständen ist die rechte oder linke Seite der Gleichung begünstigt und entsprechend verläuft die Reaktion von rechts nach links oder von links nach rechts. So nimmt der Regen, der auf eine Wiese niedergeht, CO_2 auf; wenn das CO_2-haltige Regenwasser dann durch Kalkgesteine unter der Wiese hindurchsickert, verwandelt es eine dem CO_2-Gehalt entsprechende Menge von Kalkstein in wasserlösliches Kalziumbikarbonat (die Reaktion verläuft von links nach rechts).
Wenn diese Lösung in der Tiefe durch einen Hohlraum fließt oder in einer Quelle zutage tritt, kommt sie mit Luft in Berührung, die ärmer an CO_2 ist. Sie gibt deshalb CO_2 an die Luft ab und entsprechend muß eine bestimmte Menge unlöslichen Kalziumkarbonates ausfallen. Die Reaktion verläuft also von rechts nach links, und es bilden sich entsprechend im unterirdischen Hohlraum oder im Gebiet des Quellaustritts Kalksinter. So entstehen Tropfsteine und Quelltuffe.

Spalten: Kalkgesteine sind in der Regel geschichtet. Bank folgt über Bank, und die zwischen den Bänken liegenden Schichtfugen enthalten meist ein toniges Material. Ursprünglich liegen die Bänke horizontal, doch haben Bewegungen der Erdkruste ihnen vielerorts eine gewisse Neigung gegeben oder sie auch stärker verstellt.

Sind die Schichten infolge einer Gebirgsbildung in Falten gelegt, so lassen sie aufgefaltete *Sättel* (Antiklinen) und eingefaltete *Mulden* (Synklinen) erkennen. Außerdem sind dann fast immer größere Brüche vorhanden. Wenn an diesen Brüchen die Schichten gegeneinander verstellt sind, so spricht man im Falle steilerer Schichtverstellungen von Verwerfungen oder Sprüngen, bei flacher geneigten von Überschiebungen. Außer den größeren Störungen im Schichtverband gibt es auch feine Risse und Fugen, die die einzelnen Kalksteinbänke wie jede natürliche Kalkmasse durchziehen. Sie stehen als enge *Klüfte* und als weite *Spalten* senkrecht auf den Schichtfugen und durchziehen als Kluft- oder

Sättel, Mulden, Schichtung und Störungen

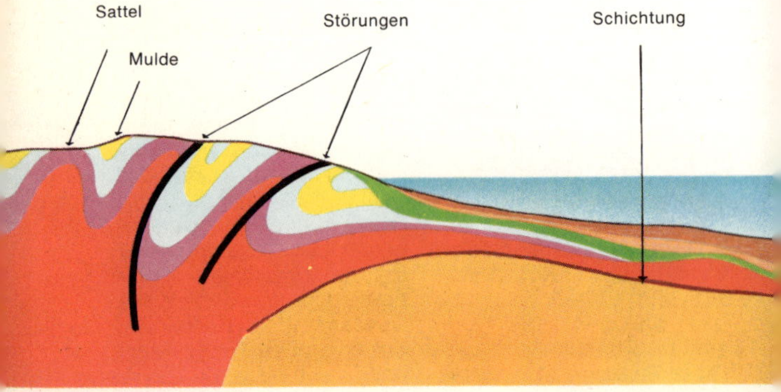

Sattel in einem geschichteten Kalkstein

Spaltensysteme die sonst dichten Kalksteine nach allen Seiten.
Die Ursache aller dieser Störungen im Schichtgefüge sind Änderungen von Lage und Masse der Gesteine einwirken, wodurch deren Gefüge zerbrechen. gungen im tieferen Untergrund lassen Druck-, Zug- und Biegekräfte auf die Gesteine einwirken, wodurch deren Gefüge zerbrechen. Im Zusammenhang mit der Bildung von Höhlen, die wir hier betrachten, haben sowohl die Schichtfugen wie die Kluft- und Spaltensysteme große Bedeutung. An sich ist Kalkgestein nämlich völlig wasserundurchlässig. Erst die Risse und die Schichtflächen in einer Kalksteinbank geben dem Wasser einen Weg nach unten frei. Es durchsickert den Kalkstein selbst an den feinsten Klüften und breitet sich weit auf den Schichtflächen aus. Deshalb versickert Wasser in Kalkgebieten sehr schnell.

Das Netzwerk unterirdischer Spalten und Kanäle: In einem großen Kalkstein-Vorkommen werden nicht alle Spalten gleich schnell und gleich stark von dem sie durchfließenden (kohlesäurehaltigen) Wasser erweitert. Es entsteht vielmehr im Laufe der Zeit ein System von breiten Hauptspalten und schmaleren Nebenspalten, die den Nebenflüssen und Bächen in einem Flußsystem vergleichbar sind. Die Hauptspalten sind häufig so groß, daß sie vom Menschen begangen werden können, gleich ob sie trocken sind oder Wasser führen. Sie sind gewissermaßen die Hauptadern eines Höhlensystems.

Sind die Hauptspalten von einer überschaubaren, wenn auch mitunter sehr großen Länge, so zieht sich das System der Nebenspalten und der an sie anschließenden Klüfte, den feinen Äderchen und Blutkapillaren vergleichbar, durch die gesamte Kalkgesteinsmasse. Man kann dieses Labyrinth nicht unmittelbar erforschen, doch gibt es zahlreiche Untersuchungsmethoden, mit deren Hilfe man sich Kenntnisse über seine Lage, Ausdehnung und Größe verschaffen kann. Beispielsweise strömt ein Höhlenfluß nach einem großen Regen zunächst sehr schnell und stark. Dabei fließt das Wasser aus den größeren Spalten rasch ab. In einer zweiten Phase folgt ein gleichmäßiges Ausströmen von relativ wenig Wasser, das gemächlicher fließt: Nun strömt das Wasser aus den

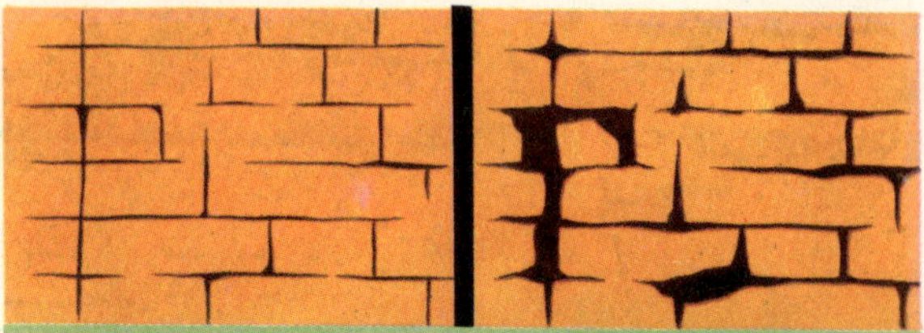

Schichtfugen und Spalten

Die Korrosion hat Schichtfugen und Spalten erweitert.

zahlreichen kleinen Spalten und Klüften zusammen und ergibt ein gleichmäßiges Rinnsal, das nur selten ganz austrocknen wird.

Die Entstehung größerer Höhlen: Für die Entstehung von größeren Höhlen sind in der Hauptsache drei Faktoren verantwortlich: a) Korrosion, b) Versturz und c) Abrasion.

a) Die feinsten Risse und Fugen in einem Kalkstein werden zunächst und in erster Linie durch Korrosion

Wasserführung eines Höhlenflusses

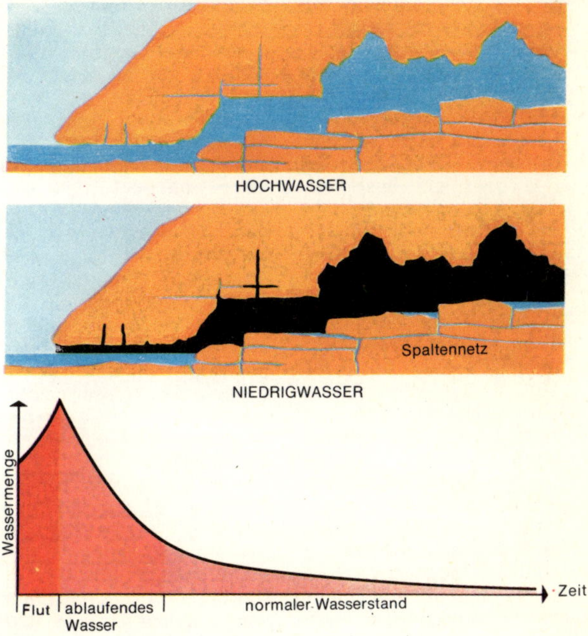

erweitert. Unter Korrosion versteht man jenen, schon oben beschriebenen Vorgang, bei dem der Kalkstein durch kohlensäurehaltiges Wasser, aufgelöst wird. Die Korrosion greift sehr unterschiedlich an. Bei sehr dichten, kristallinen Kalksteinen ist ihre Tätigkeit auf die Gesteinsoberflächen und auf die Risse und Spalten im Gestein beschränkt. In weniger dichten und porösen Gesteinen kann die Korrosion auch in den Porenhohlräumen ansetzen. Es wird dann gleich eine recht dikke Gesteinskruste von innen her zu einer weichen, erdigen Masse zersetzt. Das geschieht besonders bei solchen Kalksteinen, die Schlieren von tonigem Material oder sonstige Verunreinigungen enthalten, sowie mit vielen Dolomiten. Der Grad der Zerstörung von Kalkstein durch Korrosion wird stark durch die Menge des Wassers bestimmt, das durch ihn hindurchfließt. Der zweite wesentliche Faktor ist die Menge des darin gelösten Kohlendioxids, die für seine Aggressivität verantwortlich ist. Das Wasser ist so lange aggressiv, als es noch nicht mit Kalziumbikarbonat gesättigt ist. Innerhalb eines Höhlensystems ist das Ausmaß der Korrosion deshalb sehr großen Schwankungen unterworfen: je nach der Geschwindigkeit, mit der an einer bestimmten Stelle kohlendioxidhaltiges Wasser nachläuft, geht sie dort schneller oder langsamer vor sich. So kommt es, daß manche Spalten bevorzugt erweitert werden, einfach weil sie dem Wasser einen rascheren Durchfluß gewähren als andere. Fließt das Wasser langsam oder steht es gar, so sättigt es sich allmählich mit Kalziumbikarbonat und die Korrosion kommt zum Stillstand; vom Wasser mitgeführte feine Tonteilchen werden bei geringer Fließgeschwindigkeit am Grunde der Spalte abgesetzt. Abgesetzter Ton hält die Feuchtigkeit länger als die glatten Wände der Spalten und kann so wieder die Korrosion fördern. Auch wenn kein Wasser mehr nachfließt, kann die vorhandene Feuchtigkeit durch Verdunstung und nachfolgende Kondensation zu einem Kreislauf führen, bei dem in Klüften, Spalten und Höhlen Kalkstein gelöst und weggeführt und an anderer Stelle wieder ausgefällt wird. An-

gesichts der Vielfalt dieser Vorgänge im Kleinen und im Großen ist es schwer, über den chemischen Vorgang hinaus feste Regeln anzugeben.
Das an den Wänden herablaufende Wasser ruft durch die Korrosion nicht selten wurmartige, feine Rinnen hervor, die ein Anzeichen für frühere oder noch stattfindende Kalk-Auflösung sind.
Die nichtlöslichen Bestandteile in Kalkgesteinen bleiben häufig zunächst als Relief an den Wänden von Spalten und Höhlen stehen. So werden dort zum Beispiel kieselige Fossilien oder Feuersteinknollen sichtbar; aber auch mit reinem und daher langsamer löslichem Kalkspat gefüllte Klüfte treten deutlich hervor. Da also nicht alle Partien eines Kalksteines in gleicher Weise angreifbar sind, schreitet die Zerstörung ungleich fort und es entstehen unregelmäßige, gezackte und durchlöcherte Wände. So wirkt die Korrosion in großem und kleinem Maßstab bildhauerisch und arbeitet aus Decken und Wänden mitunter ganz bizarre Gebilde heraus. Die Formen können sehr scharfkantig sein und besonders in engen und niedrigen Passagen einer Höhle ein echtes Hindernis mit der Gefahr von Verletzungen für den Höhlenforscher darstellen.

Stark korrodierter Kalkfelsen

Ein großes Ausmaß haben die Korrosionsräume an den Decken von Höhlen, die sich als Dome in die Höhe ziehen. Mitunter werden durch Korrosion auch schwammartig durchlöcherte und gewebeartig aufgelöste Höhlendecken erzeugt.

b) Versturzvorgänge in den Höhlen werden durch die Schwerkraft hervorgerufen und sind von der Festigkeit und Zerklüftung des Gesteins sowie von seinem schichtigen Aufbau abhängig. Besonders häufig sind Verstürze in Höhlen, die in dünnbankigen Kalksteinen und in Kalksteinen mit dikkeren Ton- und Schieferzwischenmitteln in den

Versturz erweitert einen Gang

Bankungsfugen liegen. Auch das Einfallen der Schichten, d.h. ihre Schrägneigung, spielt eine gewisse Rolle, besonders dann, wenn die Schichten sehr steil aufgerichtet sind und ihre Flächen so zu Gleitebenen werden.

Von großer Bedeutung für Versturzvorgänge ist das Kluftsystem; es bestimmt die Zonen im Gestein vor, in denen größere oder kleinere Teile der Höhlendecke herunterstürzen können.

Ein Versturz ist immer dann möglich, wenn Teile der Höhlendecke oder -wand ihres Haltes beraubt sind, d.h. wenn Material durch Korrosion oder Erosion weggeführt ist. Das eine Höhle umgebende Gestein unterliegt einer Druckverspannung, die sich dann im Gleichgewicht befindet, wenn sich ein natürliches Gewölbe gebildet hat. Das Gewölbe trägt das Höhlendach und wird durch die Höhlenwände als seitliche Pfeiler gestützt. Wird das Gleichgewicht dieses Gewölbes gestört, so können Versturzvorgänge dazu führen, daß

es wieder hergestellt wird. Dies geschieht auf mannigfache Weise.
Werden beispielsweise die Seitenwände der Höhle an der Basis ihres Haltes beraubt, indem dort Korrosion oder Abrasion stärker angreifen, so stürzen häufig die höheren Teile der Wand und ein Teil der Dekke nach. Es entsteht dann ein größeres Gewölbe, das wiederum in sich stabil ist. Auch wenn Teile von Wand und Decke durch erweiterte Klüfte herausgelöst werden, reicht ihre Elastizität für die Gewölbeverspannung nicht mehr aus, so daß es zum Versturz kommt. Von oben durch die Klüfte sickerndes Wasser kann ebenfalls den Zusammenhalt des tragenden Gewölbes lockern. Ähnliches geschieht, wenn eine Höhle zeitweise ganz unter Wasser steht. Fließt das Wasser wieder ab, so leert sich zunächst nur der eigentliche Höhlenraum, während im umgebenden Gestein noch eine größere Wassermenge verbleibt. Dieses Wasser lastet vorübergehend zusätzlich auf der Höhlendecke und kann dort durch seine Masse ein vorheriges Gleichgewicht so erheblich stören, daß ein Versturz eintritt.
Eine weitere Ursache für Verstürze ist — in flachen Höhlen und nahe von Höhleneingängen — die Frostverwitterung. Das in den Klüften gespeicherte Wasser dehnt sich beim Gefrieren aus, da Eis ein größeres Volumen als Wasser hat (wir kennen das von Wasserflaschen, die dem Frost ausgesetzt werden). Diese Frostsprengung lockert das Gestein erheblich; der eigentliche Versturzvorgang wird dann mitunter von Erdstößen oder Erdbeben ausgelöst und ruft selbst ein kleines, meist örtlich sehr begrenztes Einsturzbeben hervor.
c) Fließendes Wasser kann Gesteine abschleifen; diesen Vorgang bezeichnen wir als Abrasion. Im Gegensatz zum chemischen Prozeß der Korrosion, ist die Abrasion ein mechanischer Vorgang, bei dem das Gestein in kleinsten Teilen abgetragen wird.
Je höher die Strömungsgeschwindigkeit des Wassers ist und je mehr Sand und Geröll es mit sich führt, umso höher ist auch seine abrasive Wirkung, die einer Scheuerwirkung gleichkommt. In Höhlen und Spalten ist die Abrasion natürlich auf jene Teile beschränkt, die häufig oder

immer von Wasser durchströmt werden. In ihnen arbeitet das Wasser im Laufe der Zeit tiefe Cañons heraus und erzeugt, häufig am Fuß von Wasserfällen, Strudellöcher.
Die Abrasion kann im Zusammenhang mit Verstürzen besonders wirkungsvoll sein, denn sie liefern reichlich Schleifmaterial. Aber auch sonst reißt das schnell fließende Wasser zahlreiche kleine Gesteinsteilchen aus seiner Umgebung los. Schließlich wird dieses Material als Ton, Sand und Geröll an Stellen mit geringer Strömung abgesetzt und angehäuft.
Durch die Abrasion werden flache, nahezu horizontal verlaufende, wellenförmige Rillen an den Wänden, Decken und Böden von Strömungskanälen erzeugt. Diese Rillen sind an einem Ende stumpfer als am anderen und verbinden sich zu einem ganzen System. Am stumpfen Ende der Rille, das, bezogen auf die Strömungsrichtung, stromaufwärts liegt, ist der Rillenboden meist stärker eingesenkt. Solche Rillen sind, obwohl sie meist nicht besonders auffallen, recht gute Kennzeichen, wenn man die Richtung früherer Wasserströmungen in einer trockengefallenen Höhle herausfinden will. Die Umstände, die zur Bildung der Rillen führen, sind noch nicht in allen Einzelheiten bekannt.

Ablagerungen in Höhlen: Bisher haben wir Vorgänge beschrieben, die zur Anlage und Vergrößerung von Hohlräumen jeder Art und Größe in Kalkgesteinen führen. Diese Vorgänge erzeugen ihrerseits neue Ablagerungen und führen so am Ende wieder zur Entstehung neuer Gesteine. Einerseits bleiben bei der Korrosion unlösliche Rückstände übrig, andererseits wird der im Wasser gelöste Kalk an irgendeiner Stelle wieder ausgeschieden; Versturzvorgänge häufen mächtige Schuttkegel an; das in den Höhlen fließende Wasser setzt das mitgeführte Lockermaterial als Sand, Kies und Ton wieder ab. Wie an der Erdoberfläche vollzieht sich somit auch in den Höhlen ein ständiger Wechsel zwischen Gesteinszerstörung und Gesteinsbildung, und wir müssen beide Seiten dieses Wechselspieles betrachten.

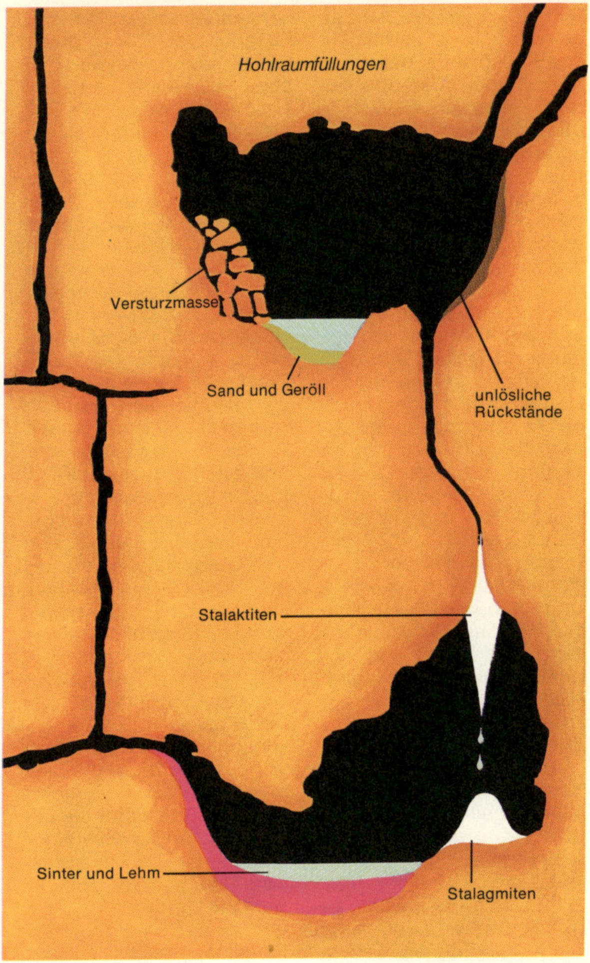
Hohlraumfüllungen
Versturzmasse
Sand und Geröll
unlösliche
Rückstände
Stalaktiten
Sinter und Lehm
Stalagmiten

Wie schon gesagt, bleiben bei der Korrosion unlösliche Rückstände kieseligen und tonigen Materials zurück. Sie sammeln sich in den Spalten an, solange sie nicht von einer Wasserströmung aufgewirbelt und mitgerissen werden. Je nach Art dieser Überreste genügen schon einzelne Wassertropfen oder sind starke Strömungen nötig, um sie vom Ort ihrer Entstehung tiefer in das System von Spalten und Höhlen hineinzuspülen. Sind in Höhlen tonige oder sandige Ablagerungen vorhanden, so muß das nicht unbedingt auf Lösungsrückstände zurückgehen. Tonteilchen und feine Sandkörnchen werden leicht vom Wasser auch durch die engsten Klüfte und Kanäle über große Strecken hinweg transportiert. So können von weit entfernt liegenden Böden, Moränen und Sandvorkommen an der Oberfläche Ton und Sand in Höhlensysteme hineinwandern.

Von der Decke und den Wänden einer Höhle abgestürztes Gestein, gewöhnlich als »Versturz« bezeichnet, ergibt meist einen Schuttberg von Gesteinsstücken aller Größen. In stark zerklüfteten Gesteinen ist es meist feineres Material; dort wo dicke Bänke und massiges Gestein vorliegen, entsteht eher ein Blockschutt mit Klötzen von z.T. riesigem Ausmaß.

Fließt Wasser durch eine Versturzmasse, so kann es die im Schutt verbliebenen kleinen Hohlräume mit Ton und Sand verfüllen, bis schließlich die Spalte oder Höhle gänzlich verstopft ist. Aber auch das Gegenteil ist möglich, wenn z.B. Blockschutt in einen kräftig strömenden Höhlenbach fällt, der das Material zu Geröll und Sand zermahlen und schließlich ganz wegführen kann.

Unterirdische Flüsse können Gesteine als Schutt und Geröll mit sich tragen, die von Gebirgszügen stammen, die meilenweit vom Höhlengebiet entfernt sind. Dem Geologen sind solche Fremdgerölle — z.B. Granitgeröll — ein guter Hinweis auf Veränderungen im Einzugsgebiet von Höhlenflüssen, aber auch auf die Geschichte des Gebietes, denn die Gerölle können von Gesteinen stammen, die einstmals über dem Kalkgebiet lagen und inzwischen abgetragen sind. Unter den Höhlenablagerungen dürfen auch jene nicht vergessen werden, die organischen Ursprunges sind. Namentlich aus tropischen Höhlen, aber auch aus Höhlen im Mittelmeergebiet, kennt man Ansammlungen von Fledermauskot in solcher Mächtigkeit, daß sich ein bergmännischer Abbau von »Fledermausguano« als Dünger lohnt. Andere Höhlen enthalten Ablagerungen, die überwiegend aus den Knochen früherer Höhlentiere, wie z.B. Höhlenbären und Höhlenhyänen, sowie aus den Knochen von Beutetieren der Höhlenbewohner bestehen. Auch der Mensch ist oft nicht nur ein Besucher, sondern ein Bewohner von Höhlen gewesen und hat dann in ihnen Abfälle und Gebrauchsgegenstände hinterlassen. Manche Höhlen haben schon den Frühmenschen als Jagdstationen gedient, was man an den großen Knochenansammlungen von Beutetieren ablesen kann. Als Wohn- und Zufluchtsorte dienten viele Höhlen bis in die jüngste Vergangenheit, in einigen Teilen der Welt sogar noch heute. Das von Tieren und Menschen in Höhlen hinterlassene organische Material hat vielerorts zu einer starken An-

Aragonit-Kristalle

reicherung von Phosphaten in den Höhlenablagerungen geführt. Einerseits ist es das Phosphat der Knochen, andererseits jenes, das durch bakterielle Zersetzung von Weichteilen freigesetzt wurde. Letzteres greift als Ammo-

Excentriques

Kugeliger Sinter, links durchschnitten

nium-Phosphat den Kalkstein der Höhlenwand an und bildet Kalzium-Phosphate oder, in Verbindung mit Tonmineralen, Aluminium-Phosphate. Als Düngemittel sind solche Phosphorit-Ablagerungen auf Kalksteinen und in Spalten und Höhlen meist schon im letzten Jahrhundert und zu Beginn unseres Jahrhunderts abgebaut worden. Berühmte Phosphorit-Lagerstätten dieser Art sind z.B. die von Quercy in Frankreich und die eiszeitlichen Höhlen in den zentralen Pyrenäen. Aber auch in den deutschen Mittelgebirgen, wie z.B. bei Limburg an der Lahn, gab es früher einen solchen Phosphoritbergbau.

Wesentliche Ablagerungen in Spalten und Höhlen sind chemischen Ursprunges und werden als Sinter bezeichnet. Die Sinter bestehen aus feinen Kristallen und sind fest wie Gestein; lockere, wasserreiche und im ausgetrockneten Zustand pulverige Massen bezeichnet man als Bergmilch (Montmilch, Mondmilch). Bergmilch kann als weißlicher Überzug oder als geschichtete Ablagerung Höhlendecken und -wände überziehen.

Die Sinterbildungen sind es, die so vielen Höhlen ihren geheimnisvollen Zauber, aber auch das Unheimliche geben. Sie ziehen die vielen Touristen in die Tropfsteinhöhlen, denn Tropfstein ist eine der zahlreichen Formen, in denen Sinter auftritt. Das Material der Sinter ist fast immer Kalziumkarbonat in der Kristallisationsform des Kalzits. Nur in sehr warmen Höhlen, bei Temperaturen von mehr als 15° C, entstehen Höhlensinter in der Kristallisationsform des Aragonits. Aragonitsinter bilden sich gewöhnlich in warmen Quellen (siehe Bunte Delphin-Bücherei, Band 4, »Steine und Minerale«, Seite 63—65). In manchen Höhlen finden sich auch Sinter und Kristallbildungen aus anderen Mineralen, z.B. aus dem Kalziumsulfat-Mineral Gips. Gipskristalle kommen auch im Lehm mancher Höhlenböden vor. Der Kalzit ist das weitaus häufigste der Sinterminerale. Je nach den örtlichen Bildungsbedingungen sind die daraus bestehenden Sinter außerordentlich vielgestaltig. Am bekanntesten sind die Tropfsteine. Ihre kleinsten Anfangsformen an den Höhlendecken sind die sogenannten Tropf- oder Sinterröhrchen. Sie gehen aus einem kleinen Ring von Kalzit hervor, der sich allmählich in den

Kalkspatkristalle in einer Pfütze

freien Höhlenraum hinein verlängert. So entstehen allmählich innen hohle Tropfröhrchen von einigen Zentimetern Länge, die unter besonders günstigen Umständen auch einige Meter lang werden können. Um die Tropfröhrchen scheidet sich häufig weiterer Kalzit in radial stehenden, faserigen Kristallen ab, wozu eine stärkere Wasserzufuhr nötig ist. Dieses Dickenwachstum einzelner Tropfröhrchen führt zur Entstehung von Deckentropfsteinen, den Stalaktiten.

Dort, wo das Wasser auf den Boden tropft, wachsen den Stalaktiten von unten her Bodentropfsteine, die Stalagmiten, entgegen. Sie sind meist nicht so schlank geformt wie die Stalaktiten. Im Laufe langer Zeiträume können sich Decken- und Bodentropfsteine miteinander zu geraden oder bizarren Säulen vereinen.

Wandsinter in einer Galerie

Ausnehmend bizarre Stalaktiten, die allen Gesetzen der Schwerkraft Hohn zu sprechen scheinen, kommen in manchen Höhlen vor und werden als »Excentriques« bezeichnet. Der Name ist aus dem Französischen übernommen; im Englischen wird manchmal der Ausdruck Heliktites gebraucht. Die Excentriques winden sich wurmartig frei durch den Raum und wachsen vermutlich durch aus der Luft abgesetzte, elektrisch aufgeladene Lösungströpfchen. Zahlreiche Hypothesen beschäftigen sich mit diesen merkwürdigen Sinterbildungen.

Häufig entstehen Sinterkrusten als Belag an Decken und Wänden, dort wo kalkhaltiges Wasser entlangfließt. Diese Krusten sind geschichtet und können in andere Formen — wie z.B. Tropfsteine — übergehen.

Auch in kleinen Wasserpützen wächst der Kalzit, mitunter sogar in größeren

Entstehung von Höhlenperlen

Einzelkristallen. Dort, wo solche Kristallbildungen die Wasseroberfläche erreichen, gehen sie in pilzartige Formen über: breiter wachsende Hüte sitzen dann auf dünnen Stielen. Auf der Oberfläche solcher Pfützen schwimmende Verunreinigungen bilden mitunter die Kristallisationskeime für winzige Kalzitkristalle, die dann wie eine Milchhaut die Pfütze über-

Höhlenperlen

Unterspülter Höhlenboden mit Stalagmiten und Sinterkruste

ziehen. Werden die Kristalle größer, so sinken sie zum Boden der Pfütze ab.

Fließt in kleine Wasserbekken, die sich an den Höhlenwänden, an natürlichen Vorsprüngen oder am Höhlenboden bilden, ständig Wasser nach, so wachsen ihre Ränder im Lauf der Zeit in die Höhe. Auf diese Weise formen sich Sinterbecken mit oft markant gefurchten Außenwänden, die sich zu Kaskaden von treppenförmig übereinanderliegenden Sinterschalen zusammenschließen können.

Wie bei Baumwurzeln verbinden erhabene und verzweigte Sinterfahnen Wandsinter und Sinterwannen und führen in Verbindung mit Tropfsteinen zu märchenhaft bizarren Gebilden, die wie steinerne Palmenstämme und Brun-

nenanlagen aussehen.
Häufig sind auch Höhlenperlen, die mehr oder weniger gut gerundet sind und die Größe echter Perlen und mehr erreichen. Bei ihnen lagert kalkübersättigtes Wasser feine Häutchen von Kalkspat um kleine Kerne, wie z.B. Sandkörnchen oder Kalksplitter, ab. Sie sind nicht fest mit dem Untergrund verwachsen, sondern werden, meist durch Tropfwasser, immer wieder bewegt und aus ihrer ursprünglichen Lage gedreht. So kann sich bei ihnen die Oberfläche durch die Anlagerung immer neuer feinster Schichten ständig vergrößern, und mitunter wachsen in kleinen Pfützen Dutzende oder gar Hunderte von Perlen heran, deren Durchmesser bis zu einem Zentimeter und mehr erreichen kann. Sind die kugeligen Gebilde nicht frei, sondern untereinander und mit dem Untergrund verwachsen, so bezeichnet man sie als Knöpfchensinter.
Auf den Böden von Höhlen und Spalten können sich ebenfalls Sinter absetzen. Sie überziehen als Krusten den Schutt oder Höhlenlehm, sobald genügend kalkreiches Wasser über den Höhlenboden fließt. Ist der Boden uneben, so sammeln sich in den Senken Pfützen mit den ihnen eigenen Absätzen und Ausscheidungen von Sintermineralen. Häufig findet die Sinterbildung nicht auf dem Boden, sondern in den obersten Bodenschichten statt und führt dann zu einer völligen Verkrustung derselben. Manche Höhlenablagerungen werden auf diese Weise schon sehr bald wieder zu festen Gesteinen verkittet. Die Durchlässigkeit (Porosität) des Bodenmaterials spielt dabei neben dem ständigen Nachfließen kalkgesättigten Wassers eine große Rolle, denn auch innerhalb der Bodenschichten findet ein Wasserkreislauf und ein ständiger Stoffaustausch statt.
Unter den früh verkitteten Schuttgesteinen der Höhlen sind die Knochenbrekzien von besonderer Bedeutung. Sie geben Hinweise auf das Alter der Höhlenablagerungen und haben viele Erkenntnisse über die Entwicklung des Menschen vermittelt, denn zahlreiche Knochenfunde, wie z.B. die des Neandertalers, kamen aus solchen Gesteinen ans Tageslicht.

Die Orte der Ablagerung: Die recht unterschiedlichen Ablagerungen in Höhlen finden sich nicht an deren Enden, sondern an ganz bestimmten Örtlichkeiten, die sich durch besondere Bedingungen auszeichnen. Diese Bedingungen können hydrologischer Natur sein, d.h. mit dem Wasser zusammenhängen, sie können aber auch durch die Raumverhältnisse der Höhle oder das jeweilige Stadium ihrer Entwicklung gegeben sein.

An solchen Ablagerungs-Orten wären zu nennen:

a) Gänzlich mit Wasser gefüllte Höhlengänge. Sie zeigen entweder den nackten Fels, wovon sich freilich nur der Taucher überzeugen kann, oder der Fels ist von feinstem Tonschlamm bedeckt.

b) Unterirdische Bäche, die meist ruhig in breiteren Kanälen fließen und feinen Schlamm absetzen.

c) Unterirdische Flüsse haben größere Transportkraft, fließen schnell und

Schema eines Höhlensystems

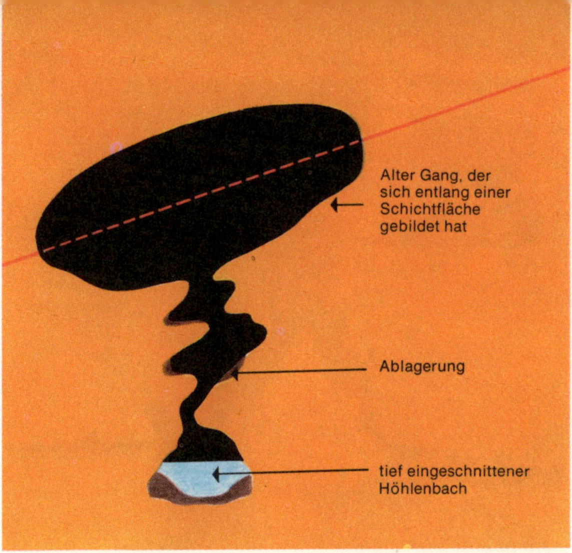

Schematischer Querschnitt eines Ganges

stürzen stellenweise über Wasserfälle. Sand, Kies, grobes Geröll und Blockschutt werden von ihnen transportiert und angehäuft. Fast nie haben sie etwas mit der Bildung von Kalkausscheidungen zu tun.

d) Unterirdische Schuttfächer bauen sich überall dort auf, wo der Schutt entweder unmittelbar entsteht oder wo die Transportkraft des Wassers erlahmt. Als Deltabildungen schieben sie sich in unterirdische Seen vor und breiten sich aus, wo Höhlenbäche in größere Hallen münden.

e) Strudellöcher sind meist mit grobem, aber gut gerundetem Geröll angefüllt.

f) Nasse Höhlenräume, meist mit wassergesättigter Luft gefüllt, sind die Orte der Sinterbildung. Sinterkrusten überziehen Wände und Böden. Dort, wo kleine Gerinnsel aus Spalten kommen, wachsen dicke Sinterkrusten und Sinterdecken, breiten sich Terrassen von Sinter und Sinterschalen kaskadenartig aus; wo Tropfwasser von

Entstehung einer Höhle durch Versturz
Ein typisches Beispiel ist die Höhle von Padirac in Frankreich.

der Decke fällt, entwickeln sich Stalaktiten und Stalagmiten, die zu Säulen und Sintervorhängen zusammenwachsen, stehen Pfützen mit Kalkhäutchen und Höhlenperlen. Nach dem Formenschatz der Sinterbildungen kann man besondere Typen dieser Höhlen unterscheiden, wie z.B. Kammern mit Sinterröhrchen und Tropfstein-Hallen. Im kalten Klima und im Gebirge können nasse Höhlenräume mannigfaltige Eisbildungen aufweisen (Eishöhlen).

g) Trockene Höhlenräume enthalten viel Blockschutt, Höhlenlehm und organische Ablagerungen. Haben sie gute Verbindung mit der Außenwelt, so sind sie bevorzugter Aufenthaltsort vieler Höhlentiere und können dem Menschen als Lager- und Wohnplatz gedient haben. Die aufgeführten Typen sind jedoch kaum mehr als Beispiele, denn ihre Reihe ließe sich leicht vermehren, und sie können in mannigfacher Weise miteinander kombiniert sein.

Gänge, Schächte und Höhlenkammern: Form und Verlauf einer Höhle oder eines Höhlensystemes werden durch bestimmte Eigenschaften des Gesteines und der weiteren Umgebung bestimmt. Solche Faktoren sind die chemische und mineralogische Zusammensetzung, die Lagerungsverhältnisse und die Klüftung des Gesteines, die Hydrologie (Wasserverhältnisse), die Oberflächengestaltung, die gegenwärtigen Klimabedingungen und die erdgeschichtliche Entwicklung des Gebietes. Die vielen, voneinander verschiedenen Höhlenformen lassen sich auf wenige Grundformen zurückführen. Es gibt waagerecht und steil bis senkrecht verlaufende Höhlen, es gibt langgestreckte Gänge und erweiterte Höhlenräume.

Gänge verlaufen meist waagerecht und haben in der Regel einen auf lange Erstreckung etwa gleichförmigen Querschnitt. Nach den Querschnittsformen und ihrer Entstehung kann man die folgenden vier Gruppen von Gängen voneinander unterscheiden:

a) Röhrenförmige Gänge sind meist durch fließendes Wasser geformt, das sich ursprünglich seinen Weg entlang einer durchlässigen Zone im Gestein, einer Spalte oder einer Schichtfläche gebahnt und diese dann zum rundlichen Querschnitt erweitert hat. Meist läßt oder ließ die Strömung des Wassers keine größeren Ablagerungen in röhrenförmigen Gängen zu. Änderungen im Zufluß führen meist zu einer Veränderung des Querschnittes, der gewöhnlich kreisförmig oder elliptisch ist. Fließt weniger Wasser, so kann dieses im Lauf der Zeit eine Rinne in den Boden einschneiden, die sich in die Tiefe verlagert.

b) Erweiterte Gänge entstehen, wenn Ablagerungen einen Gang so ausfüllen, daß die Kraft des Wassers nicht ausreicht, sie abzutransportieren. So wird der Gang hauptsächlich in die Breite und nach oben erweitert, wozu meist vorgegebene Kluft- und Spaltenzonen sowie Verstürze beitragen. Es können auf diese Weise sehr niedrige, aber breite Gänge entstehen. Durch eine spätere starke Strömung wird mitunter aus einem solchen Gang auch das Sedimentmaterial, das seine Entstehung mitbestimmt hat, wieder ausgeräumt.

c) Cañons sind sehr tief eingeschnittene, meist von senkrechten oder nahezu senkrechten Wänden begrenzte Gänge. Sie können aus röhrenförmigen Gängen hervorgehen, wenn sich in diesen ein kleinerer Höhlenbach langsam tiefer in den Boden einschneidet. Dann liegt über dem Cañon noch der alte Gang. Bei der Bildung von Cañons spielt aber das Gestein mit seinen Schwächezonen eine besonders große Rolle. Kluftschaaren und langgestreckte Spalten zeichnen

Modell eines Höhlensystems

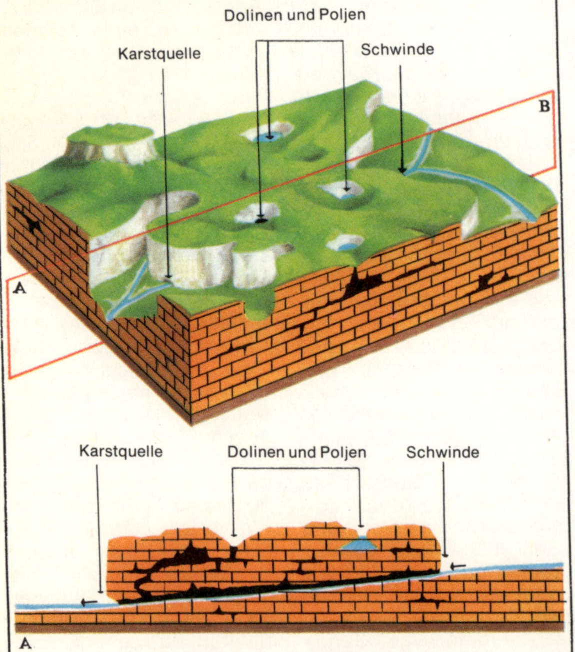

in der Entwicklung eines Cañons meist dessen Verlauf vor; auch Brüche und größere Adern von fremden Gesteinen spielen bei der Entstehung zahlreicher Cañons eine Rolle, desgleichen das Gefälle und die in jedem Höhlensystem vorhandenen Höhenunterschiede.
d) Gänge, die aus mehreren Anlagen hervorgehen, sind nicht selten. Hat das Gestein durchlässige Zonen, so fließt das Wasser oft in mehreren, eng benachbarten Rinnsalen. Diese räumen dann allmählich ein System nebeneinander liegender Gänge aus, die, je größer sie werden, umso eher untereinander Verbindung erhalten. Schließlich bleiben nur Wandreste oder Pfeiler zwischen den benachbarten Gängen und es kommt stellenweise zu Verstürzen. Da die Klüfte und Spalten nicht gleichmäßig im Gestein verteilt sind, sondern in Schwächezonen vermehrt vorhanden sind, sind solche Gänge viel häufiger, als man zunächst annehmen möchte. Ihre Querschnittsformen sind recht unterschiedlich, da sie vom System der beieinander liegenden anfänglichen Gänge mitbestimmt wurden.

Durch eine Flußschwinde verursachtes Trockental

Schächte sind senkrecht oder nahezu senkrecht im Gestein verlaufende Gänge, die sowohl oben wie unten blind enden können. Häufig führen sie oben in eine Höhlenkammer, einen horizontalen Gang oder ins Freie. Auch ihr Boden kann seitwärts weiterführen. Schächte sind häufig weiter als die zu ihnen führenden Gänge. Der Querschnitt ist oft mehr oder weniger kreisförmig, der Längsschnitt zylindrisch oder kegelförmig erweitert. Schächte entstehen dort, wo Wasser an Schwächezonen des Gesteines in die Tiefe sickert. Auch aus Strudellöchern können Schächte entstehen. In vielen Fällen sind auch Verstürze an deren Entwicklung beteiligt. Nehmen sie größeren Umfang an, so erweitern sie die Schächte zu sogenannten Schachthöhlen. Sehr schmale, hohe Schächte, durch Auslaugung von unten her entstanden und oben blind endend, bezeichnet man als Schlote.

Höhlenräume: d.h. die kammer- und saalartigen Erweiterungen der Gänge, beschreibt man nach ihrer Größe als Klein-, Mittel, Groß- und Riesenhöhlen. Kleinhöhlen haben unter 50 m Gesamtlänge, Riesenhöhlen über 5000 m. Letztere sind Ausnahmefälle, kommen aber vor. Ein Beispiel sind die Carlsbad-Caverns in den Vereinigten Staaten, bei denen einer der zahlreichen Höhlenräume ein Restaurant mit mehreren hundert Sitzplätzen beherbergt. Für geschlossene Höhlenräume benutzt man auch, je nach Größe, die Begriffe Kammer, Halle oder Dom.

Jene Höhlen, die vom natürlichen Tageslicht ausgeleuchtet werden, bezeichnet man als Halbhöhlen. Sie haben dieselbe Entstehung wie die anderen Höhlenräume und sind oft aus ursprünglich geschlossenen Höhlenräumen hervorgegangen, die von außen her durch die Abtragung, z.B. an einem Talhang, angeschnitten wurden.

Vielfach findet man auch an Stelle der Bezeichnung »Höhle« den Begriff »Grotte«. Wissenschaftlich benutzt man den Begriff »Grotte« nur für künstlich vom Menschen geschaffene Hohlräume und nicht für Höhlen natürlichen Ursprunges.

Der Karst: Die Landoberflächen der Kontinente sind zu einem ganz erheblichen Teil aus Ablagerungsgesteinen aufgebaut. Unter diesen haben wiederum jene einen bedeutenden Anteil, die ehemalige Meeresablagerungen sind und später über den Meeresspiegel hinausgehoben wurden. Die heutige Gestalt der Landoberflächen

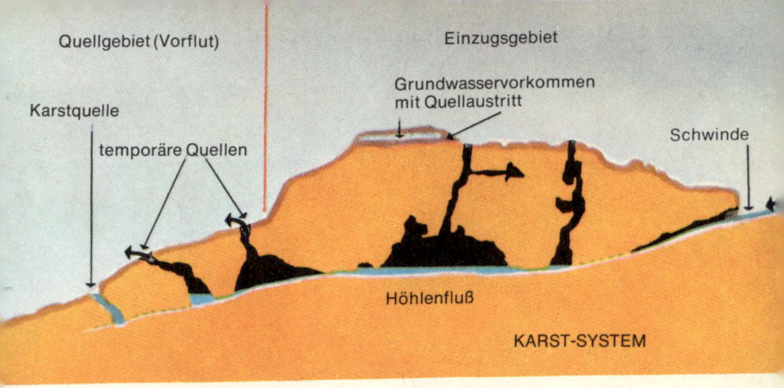

mit Bergen, Tälern, Flußläufen und Seen ist das Ergebnis der Abtragung (Erosion). Die Erosion geht bei Kalkgesteinen einen besonderen Weg, indem hier die chemische Gesteinszerstörung, die bereits beschriebene Korrosion, eine sehr wichtige Rolle spielt. Sie erzeugt ein unterirdisches System von offenen Hohlräumen, die untereinander verbunden sind. In diesem System verschwindet das Oberflächenwasser

Im Eingang der Höhle von Han-sur-Lesse (Belgien) verschwindet ein Fluß

Karstquelle am Ausgang der Höhle von Han-sur-Lesse (Belgien)

viel schneller als in Gebieten ohne kalkigem Untergrund. Es bewegt sich in unterirdischen Wasserläufen weiter; Wasserbewegung und Wasseraustausch gehen viel leichter vonstatten als im normalen Grundwasser. So wird das darüber liegende Gebiet stark und schnell entwässert, es ist ein Karstgebiet. Den typischen Karst finden wir im nordwestlichen Jugoslawien, von wo auch die Bezeichnung Karst stammt. In den ausgedehnten Kalkgebieten jenes Landstriches sind denn auch alle Kennzeichen des Karst vereint:

Flußläufe, die unter der Erdoberfläche verschwinden, unterirdisch über weite Entfernungen fließen und dann wieder in einer Karstquelle ans Tageslicht zurückfinden;

Dolinen und Poljen, das sind oberirdisch sichtbare trichterförmige und wannenartige Einsturzformen, die den Verlauf unterirdischer Hohlraumsysteme nachzeichnen;

Kalkfelsen, die von tiefen Rinnen (Karren) und Spalten durchzogen sind und

eine in Vertiefungen zusammengespülte Erde, die aus Lösungsrückständen von Kalkgestein besteht und daher durch Eisen oft rot gefärbt ist;
offene Spalten, Höhlentore und Naturbrücken in fast jeder Größenordnung, die auf unterirdische Spalten- und Höhlensysteme hinweisen.

Entwässerungssysteme im Karst sind sehr verschiedene morphologische Erscheinungsformen, die sich zu einem Entwässerungssystem zusammenschließen, das einem weit gespannten unterirdischen Netz gleicht. Man kann in einem Karstgebiet grundsätzlich drei Regionen unterscheiden: a) das oberirdische Sammelgebiet der Karstwässer, b) das unterirdische Entwässerungsnetz und c) jene Gebiete, in denen die Karstwässer wieder zutage treten oder in oberirdische Gewässer münden.

Die oberirdischen Sammelgebiete sind zum einen die Hochflächen, die Berghänge und die Täler im Karst selbst. Dort nehmen Spalten jeder Größe und alle Vertiefungen wie Dolinen, Poljen und Talböden das aus den Niederschlägen stammende Oberflächenwasser schnell auf. Zum anderen reicht das Sammelgebiet bisweilen weit über die eigentliche Karstfläche hinaus, indem Bäche und Flüsse aus normal entwässernden Nachbargebieten dem Karstgebiet ebenfalls Wasser in oft beträchtlicher Menge zuführen. Dort versickern die Wasserläufe dann in sogenannten Schwinden, fließen unterirdisch weiter und treten schließlich an anderer Stelle als Karstquelle hervor. Manche Ortschaft verdankt einer Schwinde oder auch einer Karstquelle ihren Namen, z.B. Erdbach oder Erbach.

Es gibt aber auch innerhalb eines Karstgebietes an manchen Stellen wasserundurchlässige Schichten, die Vorkommen von Grundwasser aufstauen und mit wasserdurchströmten Spaltensystemen in Verbindung treten. Solche wasserundurchlässigen Schichten können unterirdisch fließende Bäche und Flüsse stauen, wobei die Stauwirkung stellenweise so stark werden kann, daß hoch über dem eigentlichen unterirdischen Flußniveau Quellen

Jahreszeitlicher Wechsel der Luftströmungen in einer Höhle

austreten. Steil stehende unterirdische Kanäle oder Spalten bilden dann die Verbindungswege zwischen dem unterirdisch gestauten Wasserläufen und den oberirdischen Karstquellen. Je nach Durchlässigkeit der Verbindungswege werden bei starker Wasserführung zusätzliche Karstquellen in anderen Höhenlagen das angestaute Wasser ablaufen lassen.
Die Entwicklung eines Karstsystemes ist ein recht komplexer Vorgang, der lange geologische Zeiträume benötigt. In vereinfachter und stark verallgemeinerter Weise kann man sagen, daß jedes Karstsystem aus einem Spaltennetz hervorgeht, das einem aus vielen Kammern bestehenden Wasserbehälter vergleichbar ist. Die Kammern haben untereinander Verbindung; unregelmäßig und von vielen Zuleitungen her fließt Wasser zu, langsam und regelmäßiger fließt es wieder ab. Während die Menge zufließenden Wassers sich kaum wesentlich verändert, wird das System der Kammern und der sie verbindenden Kanäle im Laufe der Zeit immer größer. Es entwickelt sich eine Art Flußsystem unter der Erde mit einem Einzugsgebiet und mit Nebenflüssen.
Das Entwässerungssystem eines Karstgebietes ändert sich ständig. Spalten und Höhlen werden verschüttet oder mit Sand, Geröll und Höhlenlehm verstopft; neue Hohlräume entstehen daneben, andere werden erweitert und von dem sie durchfließenden Wasser vertieft. Der unterirdische Wasserspiegel kann sich immer wieder verlagern

und nicht selten entwickeln sich mehrere Höhlenstockwerke übereinander.

Untersuchung von Karstwässern: Bei der Untersuchung von Karstwässern ist es vordringlich, auf folgende allgemeine Erscheinungen zu achten:

a) Die Wassertemperatur. Sie läßt sich einfach mit Hilfe eines Thermometers messen und vermag u.a. Auskünfte über das Einzugsgebiet eines Höhlensystems zu geben. Kaltes, meist klares Wasser läßt z.B. auf eine größere Entfernung des Einzugsgebietes schließen. Wärmeres, häufig auch getrübtes Wasser stammt hingegen meist aus der näheren Umgebung. Mit der Witterung sich ändernde Temperaturen sprechen ebenfalls für ein nahes Einzugsgebiet oder einen nahe gelegenen Zufluß.

b) Die Fließgeschwindigkeit des Wassers läßt im Zusammenhang mit der Querschnittsform des Bach- oder Flußbettes die Wassermenge abschätzen. Mit einem schwimmenden Gegenstand läßt sich die Fließgeschwindigkeit recht leicht ermitteln, wenn man die Zeit mißt, welche er benötigt, um eine bestimmte Strecke zurückzulegen. Dabei muß man freilich berücksichtigen, daß diese Ergebnisse nur sehr grob die Oberflächenströmung wiedergeben, die zwischen den Ufern und der Strommitte sehr großen Schwankungen unterworfen ist. Die Veränderungen der Fließgeschwindigkeit in der Zeit lassen Rückschlüsse auf die Ausdehnung und das Speichervermögen des Zuflußsystemes zu. Auch Engpässe und andere Hindernisse wirken sich darauf aus.

c) Die chemischen Eigenschaften des Wassers. Unter ihnen ist zuerst der pH-Wert zu nennen, der angibt, wie sauer oder wie basisch das Wasser ist. Neutral reagierendes Wasser hat den pH-Wert 7. Größere Unterschiede im pH-Wert lassen sich in einfacher Weise mit Lackmuspapier ermitteln; für die feinen Unterschiede, die in unserem Zusammenhang wesentlich sind, ist ein größerer Aufwand erforderlich. Das gilt auch für die Untersuchung von Härte und Salzgehalt des Wassers. Die Härte kann durch Kalziumbikarbonat (Kalkhärte), aber auch durch Gips

(Gipshärte) bedingt sein. Die Ergebnisse chemischer Untersuchungen lassen ebenfalls gewisse Rückschlüsse auf die Herkunft und den Weg des Wassers zu.

d) Die vielfältigen Verbindungswege zwischen verschiedenen Höhlensystemen und Teilen eines Systems lassen sich meist nicht direkt ermitteln. Man kann aber verschiedene Markierungsmittel einsetzen, die das Vorhandensein der Verbindungswege bestätigen. Z.B. sind einige Farbstoffe geeignet, von denen Fluorescein der bekannteste und gebräuchlichste ist. Er wird dem Wasser an Stellen, wo es verschwindet, zugesetzt und läßt sich dort, wo es wieder auftaucht, auch noch in sehr starker Verdünnung nachweisen. Zum Nachweis kann man Holzkohledetektoren verwenden, die das Fluorescein aufnehmen, das sich dann anschließend im Labor wieder herausziehen läßt. Auf diese Weise wird es möglich, ein größeres Quellgebiet ohne zu großen Aufwand an Personal zu überwachen, doch ist eine Kontrolle der Zeit, die das Wasser unterirdisch fließt nicht genau möglich. Die Erkundung von unterirdischen Wasserläufen in Karstgebieten hat z.B. für die Trinkwassergewinnung Bedeutung. Wasser, das nur kurze Zeit unterirdisch fließt, ist kaum gefiltert und deshalb als Trinkwasser ungeeignet. Neben Fluorescein werden bei aufwendigeren Untersuchungen radioaktive Spurenstoffe verwendet, oder Bärlappsporen, die man mit feinen Planktonnetzen wieder auffängt. Für private Höhlenerkunder sind diese Untersuchungsmethoden aber zu teuer.

Die klimatischen Bedingungen in Höhlen: In den höheren Stockwerken eines tiefreichenden Karstgebietes, oberhalb des Wasserspiegels unterirdischer Wasserläufe und Seen, finden in den Hohlräumen Luftbewegungen und Luftaustausch nach den uns vertrauten Naturgesetzen statt. Die Höhlensysteme, die eine Gesteinsmasse durchziehen, sind Luftreservoire, die mit der atmosphärischen Außenluft in irgendeinem Zusammenhang stehen. Die Verbindungswege sind dabei entweder sehr eng oder in ihrer Anzahl begrenzt. Die

Temperatur von Höhlenluft ist meist recht gleichbleibend, im Gegensatz zur Außentemperatur. Wenn im Winter kalte Luft und im Sommer warme Luft in das Höhlensystem gelangen, so gleichen sie sich bald an die Temperatur der Höhlenluft an. Das liegt daran, daß das Gestein weithin eine gleichbleibende Temperatur hat; sie bestimmt durch den an den Höhlenwänden dauernd gegebenen Kontakt auch die Temperatur der Höhlenluft. Dabei ist natürlich von Bedeutung, wie gut der Austausch mit der Außenluft ist.

Fast immer ist die unterirdische Luft eine Gasmenge, die sich zwar nicht in ihrer Zusammensetzung, wohl aber in Temperatur und Feuchtigkeitsgehalt deutlich von der Außenluft unterscheidet. Bekanntlich ist kalte Luft schwerer als warme, wenn man gleiche Rauminhalte miteinander vergleicht. Sind gute Verbindungen vorhanden, so fließt die kältere Luft einer Höhle bei warmem Wetter durch tieferliegende Verbindungswege nach außen; in gleichem Umfang fließt die warme Außenluft auf höherliegenden Verbindungswegen nach. Der umgekehrte Fall tritt im Winter ein, wenn die im Verhältnis zur Außenluft warme Luft eines Höhlensystems aus Spalten nach oben entweicht. Durch die Temperaturunterschiede kommt es am Höhleneingang und an Spalten, die zu einer Höhle oder einem Höhlensystem führen, zu stärkeren Luftströmungen; im Winter weht es warm, im Sommer kalt aus manchen Spalten. Innerhalb eines Höhlensystemes sind die Luftströmungen für den Höhlenforscher von großer Bedeutung. Sie weisen auf verborgene Ausgänge und auf offene Spaltensysteme hin. In Sackgassen findet keine Luftbewegung statt, und stärkere Luftbewe-

Proteus anguinus, *der Grottenolm, hat eine helle Hautfarbe, unterentwickelte Augen und nur kurze Beinchen.*

gung an einem Höhleneingang läßt meist auf ein größeres Höhlensystem schließen. Luftbewegungen können aber auch durch Luftdruckänderungen außerhalb von Höhlen entstehen, da das Druckgefälle zwischen Höhleninnerem und Außenwelt bestrebt ist, sich auszugleichen. Rein theoretisch könnte man aus der Menge der ab- oder zuströmenden Luft auf die Größe der Höhle schließen. Weitere Faktoren können die Stärke der Luftbewegung sehr beeinflussen, sei es, daß sie verstärkend oder abschwächend wirken. Solche Faktoren wären z.B. Wasserfälle in Höhlen oder Winddruck, der von außen auf einen Höhleneingang gerichtet ist.

Luftbewegungen spielen auch für die Luftfeuchtigkeit in Höhlen eine große Rolle. Im Höhleninneren ist die Luft in der Regel nicht nur sehr feucht, sondern sogar wassergesättigt oder -übersättigt. Auch die Außenluft hat eine gewissen Feuchtigkeitsgehalt, der allerdings recht unterschiedlich ist. Warme Luft kann erheblich mehr Wasser in sich aufnehmen, als kalte. So wird im Sommer in eine Höhle eindringende warme Luft dort abkühlen, wobei ihre relative Feuchte ansteigt. Im Winter eindringende kalte Luft wird sich erwärmen, wobei ihre relative Feuchte fällt, d.h., sie kann bis zum Sättigungsgrad mehr Wasser aufnehmen. Im Sommer stellt sich also die hohe Luftfeuchtigkeit eindringender Luft durch die Abkühlung von selbst ein, im Winter kann die Luft Wasser aus ihrer Umgebung aufnehmen, während sie sich erwärmt. In Höhlen sind ja große Verdunstungsflächen an Decke, Wand und Boden vorhanden und außerdem fast immer genügend Wasser, das sich als Nässe an den Wänden, in Pfützen am Boden und schließlich auch im nassen Höhlenlehm findet. Allgemein herrscht daher in Höhlen eine erhöhte Luftfeuchtigkeit, wobei das Höhlensystem ausgleichend wirkt und den Anstieg der Luftfeuchtigkeit selbst verursacht.

Im Zusammenhang mit dem Höhlenklima müssen auch die Eishöhlen erwähnt werden. Die Menge des Eises ist in den verschiedenen Eishöhlen sehr unterschiedlich; innerhalb ein und derselben Höhle jedoch recht konstant. Die

Eishöhlen sind sehr vom Klima abhängig und vor allem dort verbreitet, wo längere Frostperioden, verbunden mit reichem Schneefall, vorkommen. Die Schmelzwässer des Schnees sickern in die len spielen, entstehen auch keine Eishöhlen. Die bekanntesten Eishöhlen sind die der Eisriesenwelt in Österreich.

Zur Untersuchung des Höhlenklimas mißt man hauptsächlich die Tempe-

Dort, wo ständig Licht in Höhlen ist, siedeln sich schnell Algen und Moose an.

Höhle durch und gefrieren dort bei schwachem Frost wieder. In sehr kalten Gebieten, in denen die Schmelzwässer keine Rolratur, die Luftfeuchtigkeit und gegebenenfalls auch die Stärke von Luftströmungen. Während für letztere sehr kostspielige In-

Grottenolm (Proteus anguinus)

strumente benötigt werden, läßt sich die Luftfeuchtigkeit mit preiswerten Hygrometern ermitteln. Diese sind allerdings nur in einer Klimastation sinnvoll anwendbar, da sie als tragbare Instrumente keine genauen Werte geben. Für die Temperaturmessungen verwende man möglichst genaue Thermometer mit einer Einteilung, die es erlaubt auf $^1/_{10}{}^\circ$ Celsius genau abzulesen. Mit diesen Thermometern sollte man jeweils nicht nur die Lufttemperatur, sondern auch die Bodentemperatur messen, indem man das Thermometer einige Zentimeter tief in den Boden steckt.

TEIL III

Höhlenbiologie (Biospeläologie)

In den Anfängen der Meeresforschung galt es als ausgemacht, daß in der Tiefsee kein Leben möglich sei. Als man dann aber im Zuge ozeanographischer Forschungen Proben vom Tiefseeboden heraufholte, fand man selbst in 10 000 m Tiefe noch eine artenreiche Fauna. In ähnlicher Weise betrachteten unsere Vorfahren die Höhlen als lebensfeindlich, gleichsam als Pforten zum Reich der Toten. Noch vor 200 Jahren hielt man es für undenkbar, daß Lebewesen auf die Dauer im Dunkeln existieren könnten, und als Von Valvasour 1689 einen augenlosen Grottenolm fand, galt dieser als einmalige Merkwürdigkeit. Erst viel später erkannte man, daß augenlose Höhlentiere weit verbreitet sind.

Der Grottenolm (*Proteus anguinus*) war auch das erste Höhlentier, das 1701 durch Laurenti wissenschaftlich beschrieben wurde. Um 1857 befaßte sich Lespes mit der Fauna von Höhlen im Departement Ariège in Südfrankreich, aber erst zu Beginn unseres Jahrhunderts begründeten Jeannel und Racovitza die Biospeläologie, indem sie die Probleme dieses Zweiges der biologischen Wissenschaft umrissen und Möglichkeiten zu ihrer Lösung aufzeigten. Seit dem Ende des Zweiten Weltkrieges ermöglichte dann die Einrichtung mehrerer unterirdischer Forschungslaboratorien die Durchführung umfassender Forschungsvorhaben auch auf physiologischem Gebiet.

Dem Vorkommen einer Höhlenflora wurde anfangs wenig Beachtung geschenkt, bis 1957 Caumartin, Leiter des Höhlenforschungsinstitutes in Moulis, Frankreich, ihre große Bedeutung aufzeigte.

Die Höhlenflora: Grüne Pflanzen erzeugen ihre Nahrung selbst, indem sie mit Hilfe des grünen Blattfarbstoffs Chlorophyll aus Kohlendioxid und Wasser Kohlehydrate aufbauen. Diesen Prozeß bezeichnet man als Photosynthese, und er ist, wie schon der Name sagt, vom Licht abhängig. Die Lichtenergie wird hierbei in chemische Energie umgewandelt. Lebewesen, die wie die grünen Pflanzen ihre energiereichen Nahrungsstoffe selbst aufbauen können, bezeichnet man als autotroph.

Die Dunkelheit in Höhleneingängen können höhere Pflanzen bis zu einem gewissen Grad ausgleichen, indem sie ihre Blätter voll dem einfallenden Licht zuwenden, und indem sie überhaupt größere Blätter ausbilden. Schließlich wird aber mit zunehmender Tiefe der Höhlen die Lichtintensität so gering, daß sie für höhere Pflanzen nicht

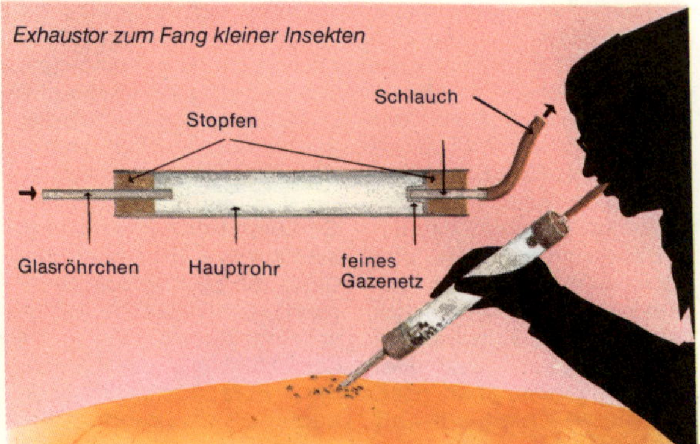

mehr ausreicht. Moose und einzellige Algen können mit weniger Licht auskommen, doch leben sie — wie man an ihrer grünen Färbung erkennt — ebenfalls von der Photosynthese. Deshalb werden wir auch sie nur dort antreffen, wo noch etwas Licht vom Höhleneingang (oder von einer künstlichen Lichtquelle) hinfällt. Nun gibt es aber zahlreiche niedere Pflanzen, die gänzlich ohne Licht auskommen können. Die einen, nämlich Pilze und manche Bakterien, leben nach Art der Tiere von organischen Stoffen, die andere Lebewesen aufgebaut haben. Wir bezeichnen diese Pflanzen als heterotroph. Andere, die autotrophen Bakterien, sind dagegen in der Lage, ihre Nahrung selbst aufzubauen, und das sogar gänzlich ohne Licht. Die Energie hierfür gewinnen sie aus chemischen Reaktionen, z.B. indem sie Eisensalze oder Schwefelverbindungen oxidieren. Wir bezeichnen diese Pflanzen im Gegensatz zu den grünen, »photoautotrophen« Pflanzen als »chemoautotroph«.

Heterotrophe und chemo-autotrophe Pflanzen leben in den Höhlen an ganz unterschiedlichen Standorten: die heterotrophen findet man meist in der Nähe des Eingangs und an Stellen, an denen mit Luftzug oder Wasser organische Stoffe in die Höhle gelangen. Weiter im Inneren dominieren die autotrophen Bakterien, die ausschließlich vom Ab- und Umbau mineralischer Stoffe leben. Oft besteht eine scharfe Grenze zwischen diesen beiden Lebensbereichen, denn wo eine heterotrophe Flora gedeiht, dort können sich die langsamer wachsenden autotrophen Bakterien nicht durchsetzen. Besonders die Eisenbakterien sind sehr empfindlich gegen Störungen ihres Lebensraumes. Sie benötigen das Eisen vor allem in Form des Karbonats, während Chlorid und Sulfat ihre Entwicklung hemmen. Auf die Tätigkeit von Eisenbakterien ist bisweilen die Bildung des roten Limonits in den lehmigen Höhlenablagerungen zurückzuführen. Die Tätigkeit von Schwefelbakterien — sie oxidieren Sulfide bis zur Stufe der Sulfate — äußert sich mitunter in der Ablagerung von Gips.

Auch die Entstehung von Mondmilch dürfte in manchen Fällen auf die Tätigkeit von Mikroorganismen zurückzuführen sein: Heterotrophe Bakterien zersetzen bei Anwesenheit von Spuren organischer Substanz das Kalkgestein; zurückbleiben die lockeren, wasseranziehenden Kalkmassen der Mondmilch. Die ockerfarbenen Flecken an Höhlenwänden sowie die Manganablagerungen auf Tonsedimenten und porösen Wandgesteinen an der Grenze der Oxidations-

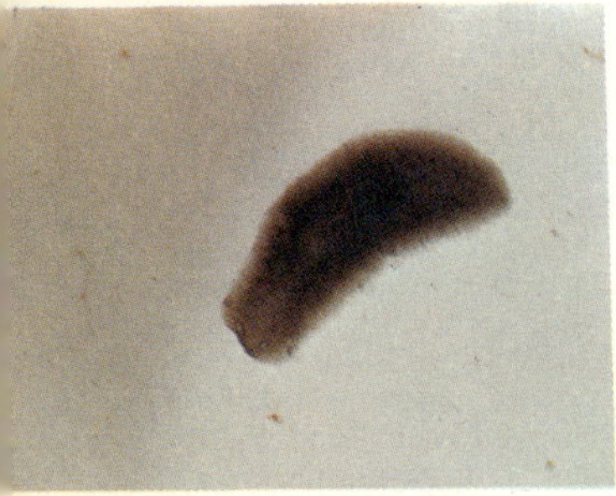

Planarie

zone müssen hier gleichfalls erwähnt werden.
Für die Höhlenfauna ist die Mikroflora in vieler Hinsicht von Bedeutung. Sie liefert den Tieren Nahrung und Vitamine. Die künstliche Aufzucht von Höhlenkäfern erweist sich als äußerst schwierig, weil die

Höhlenspinne (Meta menardi) *mit Eikokon*

Gelege und die junge Brut leicht ein Opfer (heterotropher) Schimmelpilze werden, die in den — abgesehen von den autotrophen Bakterien — sterilen Tiefen der Höhlen nicht vorkommen.

Die Tierwelt der Höhlen: Es ist üblich, die große Zahl der in Höhlen vorkommenden Tierarten in 3 Kategorien einzuordnen:
a) Höhlengäste (*Trogloxenen*). Diese Tiere kommen nur gelegentlich, durch Zufall in eine Höhle

und können dort kürzere oder längere Zeit überleben. So gelangen Frösche, Kröten und Salamander nicht selten als Eier oder Larven mit dem einströmenden Wasser in eine Höhle hinein, wo sie sich von der reichen Flora und Fauna des Höhleneingangs ernähren und sich dort mitunter sogar fortpflanzen. Nach ihrem Tode dienen ihre Leichen den anderen Höhlentieren als Nahrung.

b) Höhlenliebende Tiere (*Troglophilen*). Diese Tiere findet man auch über Tage, doch bieten ihnen Höhlen besonders zusagende Lebensbedingungen. In diese Gruppe gehören gewisse Fledermäuse sowie die Insekten, die von deren Kot leben. Wesentliches Merkmal dieser Gruppe ist das Fehlen spezieller Anpassungen an das Höhlenleben.

c) Echte Höhlentiere *(Troglobionten).* Diese Tiere verbringen ihr gesamtes Leben in Höhlen und pflanzen sich dort auch fort. Sie zeigen spezielle Anpassungsmerkmale an ihre unterirdische Lebensweise. Manche von ihnen haben nahe Verwandte unter der über Tage lebenden Fauna, andere sind verwandtschaftlich isoliert. Sie sind »lebende Fossilien«, d.h. Überreste alter Tiergruppen, deren übrige Angehörige in der betreffenden Gegend längst ausgestorben sind.

Wie man Höhlenbewohner fängt: Zur Untersuchung der Mikroflora bedarf es einer aufwendigen Ausrüstung: sterile Sammel- und Zuchtgefäße, Nährböden, Brutschränke — kurz, ein bakteriologisches Laboratorium ist dafür nötig.

Die Untersuchung der Höhlenfauna ist vergleichsweise einfacher. Zunächst ist eine leistungsfähige Kopfleuchte notwendig, damit man die Hände frei hat. Das Licht sollte diffus sein, damit ein möglichst großes Gesichtsfeld ausgeleuchtet wird. Als besonders geeignet erweisen sich am Helm befestigte Karbidlampen.

Bei der Suche sollte man langsam und gründlich vorgehen; alle feuchten Oberflächen (Tropfsteine und lehmige Bodenflächen) sind eingehend abzusuchen, größere Steine dreht man um. Fremdkörper, wie Holz, Papier, Fledermausexkremente, sowie alles, was den Höhlentieren als Nahrung die-

Niphargus, ein kleiner Grundwasserkrebs, der auch in Höhlen vorkommt

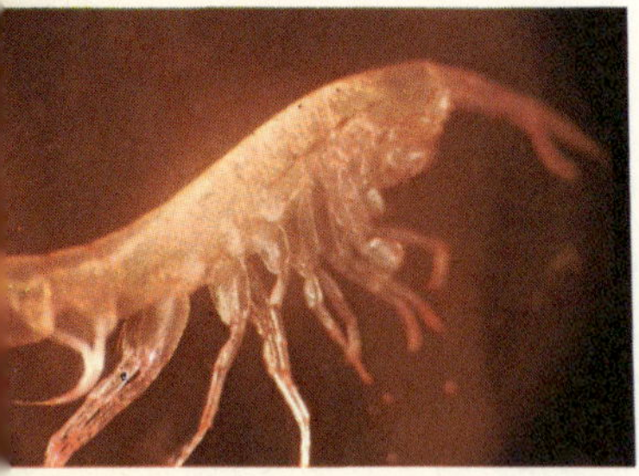

nen könnte, werden gründlich untersucht. Am Boden lebende Tiere können mit einer feinen Federstahlpinzette oder einem Marderhaarpinsel aufgenommen werden. Schnellbewegliche Tiere fängt man am besten mit Hilfe eines sogenannten Exhaustors.

In flachen Tümpeln erweisen sich einfache Hand- oder Planktonnetze aus feiner Gaze als nützlich. Tiefere Wasserlöcher können mit einem beschwerten Bodennetz untersucht werden, oder man pumpt den Bodensatz mit einer Pumpe mit langem Ansatzschlauch herauf. Nach dem Fang sollten die Tiere sofort in 20 %igen Akohol gebracht werden (in konzentrierteren Lösungen werfen sie leicht ihre Extremitäten ab). Aufbewahrt werden sie dann in 75 %igem Alkohol. Insekten bringt man am besten sofort in ein mit Essigäther und Sägespänen beschicktes Tötungsglas.

Braucht man die Tiere lebend, etwa um sie zu züchten, so verpackt man sie in Dosen oder Glasröhrchen, zusammen mit möglichst viel von jenem Material, in dem man sie aufgefunden hat. Die einzelnen Röhrchen bewahrt man dann am besten in einem Thermosbehälter auf. Alle Gefäße sind sofort mit Datum und genauem Fundort zu kennzeichnen. Die Fangergebnisse lassen sich durch Verwendung geeigneter Köder beträchtlich verbessern. Der unter einem Stein oder in der Nähe von Tropfsteinen ausgelegte Köder (z.B. stark riechender Käse), wird dann in Abständen von jeweils einem oder einigen Tagen kontrolliert. Mitunter werden derartige Köder in einer Falle, z.B. in einem bis zum Hals im Boden versenkten Glas, ausgebracht, doch ist diese Methode abzulehnen, da man auf diese Weise die Fauna vor allem kleinerer Höhlen in kurzer Zeit dezimieren kann.

Später werden die gefangenen Tiere bestimmt, geordnet und gegebenenfalls für die Zucht in geeignete Zuchtgefäße oder in ein Untergrundlabor gebracht. Das Sammeln und Aufbewahren von Tieren an sich ist sinnlos, wenn das Fundmaterial nicht wissenschaftlich ausgewertet wird. Nur diese Auswertung rechtfertigt die Mitnahme und das Abtöten von Höhlentieren überhaupt. Immer sollte man daran denken, daß Höhlentiere etwas Besonderes sind und sich nicht beliebig vermehren können. So besteht die Gefahr, daß man durch unverständiges Sammeln eine Art schnell ausrottet. Unsere Kenntnisse über die Verbreitung und die Lebensgewohnheiten von Höhlentieren können durch die Mitteilungen von aufmerksam beobachtenden Höhlenfahrern durchaus bereichert werden. Die richtige Bestimmung und daher auch die wissenschaftliche Auswertung ist freilich meistens nur dem geschulten Spezialisten möglich, der neben seinen Kenntnissen auch über eine umfangreiche Literatur und ein entsprechendes Vergleichs-

Höhlenasseln

material verfügt. Mit ihm sollte man in jedem Fall zusammenarbeiten.

Häufige Höhlentiere: Von den vielen in Höhlen lebenden Tieren können hier nur einige der besonders häufigen und interessanten Arten erwähnt werden. Beginnen wir mit den Landformen: Regenwürmer leben häufig im Anfangsabschnitt von Höhlen, fehlen dagegen in den tieferen Teilen, weil der Boden dort zu arm an organischen Bestandteilen ist. Hingegen kennt man einige Arten höhlenbewohnender Schnecken.

Die Klasse der Spinnentiere *(Arachnoidea)* besteht aus 11 Ordnungen. Aus allen Ordnungen sind echte Höhlenformen bekannt. Besonders Weberknechte *(Opiliones)* und Spinnen *(Aranea)* werden sehr häufig im Anfangsteil von Höhlen gefunden, dringen aber auch oft in tiefere Höhlenabschnitte vor. Wie keine andere Tiergruppe sind viele Spinnentiere befähigt, sich sowohl an das volle Tageslicht als auch an absolute Lichtlosigkeit anzupassen.

Die Klasse der Insekten ist die artenreichste Tierklasse überhaupt, und sie stellt auch sehr viele Höhlentiere. Collembolen oder Springschwänze, auch Urinsekten genannt, sind urtümliche, flügellose Insekten. Man findet sie besonders an verrottendem Holz und an Fledermauskot. Diese meist winzigen Tierchen atmen durch ihre sehr zarte Körperhaut, sind deshalb gegen Austrocknung nicht geschützt und können folglich nur in sehr feuchten Lebensräumen gedeihen. Die hohe Luftfeuchtigkeit vieler Höhlen kommt diesem Bedürfnis entgegen. Wie ihr Name sagt, bewegen sich die Springschwänze springend fort. Dies kann für sie eine Gefahr bedeuten, denn wenn sie durch Zufall auf eine Wasserpfütze springen, können sie von dort aus nicht mehr zum nächsten Sprung ansetzen. Sie werden, vom Ufer abgetrieben, schließlich als lebendes Floß in der Mitte einer Wasserlache driften — eine leichte Beute für den Sammler.

Auch unter den Schaben gibt es echte Höhlenformen; troglophil sind viele Heuschreckenverwandte (»Höhlenschrecken«) und Schmetterlinge. Weitaus die meisten Höhleninsekten gehören aber zur Ordnung der Käfer. Es sind zumeist Raub-, Aas- oder Laufkäfer, die sich teils räuberisch, teils von verwesenden organischen Stoffen wie Holz oder Aas ernähren. Sie sind — unabhängig von ihrer Familienzugehörigkeit — großenteils blind, langbeinig und langfühlerig und ihre Chitinpanzer sind weich und hell gefärbt.

Zur Klasse der Tausendfüßler *(Myriapoda)* gehört der blinde, weißliche *Typhloblaniulus* mit auffallend langen Fühlern.

Die Mehrzahl der in Höhlengewässern lebenden Tiere gehört der Klasse der Krebse an. Winzige Hüpferlinge *(Cyclops)* und Muschelkrebse *(Ostracoda)* leben in Wasserbecken mit geringer Strömung; *Stenasellus,* eine Wasserassel, gräbt im schlammigen Bodensatz isolierter Wasserpfützen. Zur Familie der Gammariden gehören die zahlreichen Arten der Gattung *Niphargus.* Diese bis 1 cm langen, weißlichen Krebschen haben einen seitlich abgeflachten Körper mit langen Beinen und Fühlern. Sie leben nicht nur in Höhlen, sondern auch im Grundwasser und am Grunde tiefer Süßwasserseen (z.B. im Voralpenland). Bisweilen kommen sie mit Brunnenwasser ans Tageslicht, weshalb sie auch Brunnenkrebse genannt werden.

Echte Höhlenfische gibt es in Europa nicht. Alle bisher bei uns in Höhlen nachgewiesenen Fischarten kommen auch außerhalb von Höhlen vor, und das heißt, daß es sich nur um Höhlengäste oder allenfalls um höhlenliebende Arten handelt. Höhlenfische mit speziellen Anpassungsmerkmalen sind bisher nur aus Nord- und Mittelamerika und aus Zentralafrika bekannt. In nordamerikanischen Höhlen ist die Gattung *Amblyopsis* verbreitet. Diese Fische sind farblos und ihre Augen sind mehr oder weniger zurückgebildet. Alle echten Höhlenlurche gehören zur Ordnung der Schwanzlurche *(Urodela).* Normale Schwanzlurche, z.B. Salamander und Molche, machen wie die Frösche eine Entwicklung durch, in deren Verlauf sie zunächst als beinlose Kaulquappen im Wasser leben und durch Kiemen atmen; später, wenn ihre Beine gewachsen sind, werden sie zu lungenatmenden Landtieren. Nur zum Laichen kehren sie ins Wasser zurück. Anders die Höhlenlurche: Sie bleiben zeitlebens auf der Stufe der Larve (Kaulquappe) stehen, leben im Wasser, und atmen durch (äußerlich sichtbare) Kiemen und werden in dieser Form auch geschlechtsreif. Man bezeichnet derartige Formen als neotene Larven.

In Nordamerika gibt es mehrere Arten derartiger Höhlensalamander *(Plethodontidae),* in Europa lebt nur eine Art, der bekannte Grottenolm *Proteus anguinus.* Dieser farblose Schwanzlurch hat einen drehrunden, aalartigen Körper von 20 — 30 cm Länge, Kiemenbüschel an den Kopfseiten und verhältnismäßig kleine, schwache Beinchen. Er lebt in den unterirdischen Flußsystemen der Karstlandschaft, im Grenzgebiet zwischen Jugoslawien und Italien, und kann — in isolierte Wasserbecken verschwemmt — in dieser lebensfeindlichen Umwelt notfalls jahrelang ohne Nahrung überdauern.

Unterirdische Lebensräume: Was wir als Höhlen ansprechen, das sind unterirdische Hohlräume, die so groß sind, daß der Mensch in sie eindringen kann. Wie bereits erklärt, sind diese großen Hohlräume aber nur Teil eines weit umfangreicheren Systems unterirdischer Spalten und Fugen, die ebenso oder mehr noch als die großen Höhlen als Lebensraum von Höhlentieren in Betracht kommen.

Wie groß der Tierreichtum dieser für den Menschen unzugänglichen Hohlraumsysteme im Karst, aber auch anderswo, sein kann, läßt sich mitunter aus indirekten und mehr zufälligen Beobachtungen erahnen; so wurde die an Tieren reiche Lique-Höhle in Arriège (Südfrankreich) schon wiederholt von Zoologen aufgesucht, die bei ihren Expeditionen nie weniger und oft erheblich mehr als 1000 Exemplare von Höhlentieren einsammelten. Dadurch verminderte sich aber der Tierbestand dieser Höhle nie merklich; offenbar wurden die Verluste aus den umliegenden Spaltensystemen rasch wieder ersetzt. So scheinen die in den Höhlen aufgefundenen Exemplare vieler Arten nur ein verschwindend kleiner Bruchteil der unterirdischen Lebewelt zu sein. Für diese Annahme spricht auch der Umstand, daß man von vielen Höhlentieren noch nie Eier oder Larven zu Gesicht bekommen hat. Die Fortpflanzung und Vermehrung dieser Arten vollzieht sich offenbar in engen, für den Menschen unzugänglichen Spalten und Klüften.

Manche in Höhlen aufgefundenen Wassertiere, wie z.B. die Brunnenkrebse, bewohnen außer den Höhlengewässern und den wasserführenden Spalten auch die grundwasserführenden Sedimentschichten sowie die tiefsten, lichtlosen Schichten von Süßwasserseen, die ja ebenfalls mit dem Grundwasser in Verbindung stehen. So gilt für die höhlenbewohnenden Wassertiere, ebenso wie für die Landtiere der Höhlen, daß die dem Menschen sichtbaren Exemplare vielfach nur die »Spitze eines Eisberges« darstellen.

Besondere Kennzeichen unterirdischer Lebensräume und die daraus sich ergebenden Anpassungen ihrer Bewohner

a) Lichtlosigkeit: Das gänzliche Fehlen von Licht und von anderen Strahlungsarten, wie z.B. der UV-Strahlung, führte bei vielen Höhlentieren zu einem Verlust der Pigmentierung. Pigmente sind Stoffe, die Licht verschlucken (absorbieren). Wird nur ein Teil des sichtbaren Spektrums absorbiert, so erscheint der Stoff farbig, wird alles verschluckt, so erscheint er schwarz. Pigmente, die in die Haut eines Tieres eingelagert sind, schützen die darunter liegenden Gewebe vor Strahlungsschäden. Ein solcher Schutz ist in dunklen Lebensräumen überflüssig, und deshalb können Höhlentiere ohne Pigmente auskommen.

Manche Arten, wie z.B. der Grottenolm, können an sich noch Pigmente bilden, tun dies aber als Erwachsene normalerweise nicht (Prinzip der Wirtschaftlichkeit). Hält man aber einen Grottenolm von Jugend an im Licht, so bleibt seine Haut — wie die der Larve — grau. Das bedeutet, daß seine Farblosigkeit nicht erblich ist, sondern, zumindest bis zu einem gewissen Grade, durch Umweltbedingungen hervorgerufen wird. Andere Höhlentiere, wie z.B. manche Kerbtiere, haben dagegen die Fähigkeit zur Pigmentbildung im Laufe ihrer Stammesgeschichte gänzlich verloren; sie bleiben auch weiß, wenn man sie von Jugend an dem Licht aussetzt.

Wo kein Licht ist, kann man nichts sehen. Deshalb sind Augen für Höhlentiere nutzlos, und ihre Ausbildung muß sich als unwirtschaftlich erweisen. Tiere mit kleinen Augen oder gar solche, denen die Augen gänzlich fehlen, leben in Höhlen sparsamer; sie können das Material, das andere für den Aufbau von überflüssigen Augen verschwenden, anderweitig — vielleicht zur Produktion von mehr Nachkommen — einsetzen. So werden sich augenlose Tiere in dunkler Umgebung auf die Dauer durchsetzen. Auch hier können Außenbedingungen regulierend eingreifen, wie sich wiederum beim Grottenolm nachweisen läßt: Seine Jugendform hat normale Augenanlagen, die auch weiterwachsen und zu funktionstüchtigen Augen werden, sofern das Tier im Hellen gehalten wird. Im normalen Lebensraum, d.h. in dunklen Höhlengewässern, entwickeln sich die Augenanlagen heranwachsender Exemplare dagegen nicht weiter, so daß erwachsen gefangene Grottenolme — ans Licht gebracht — wohl kaum mehr als Hell und Dunkel unterscheiden können. Andere Höhlentiere sind dagegen völlig augenlos, und dieser Zustand ändert sich auch bei lebenslanger Haltung im Licht nicht.

Insekten orientieren sich beim Fliegen mit ihrem Gesichtssinn. Da dies im Dunkeln einer Höhle nicht möglich ist und sie keine andere Methode der Fernorientierung besitzen, sind auch Flügel nutzlos und neigen folglich, über lange Zeiträume betrachtet, zur Rückbildung. Manche Höhleninsekten sind sogar gänzlich flügellos geworden.

Da Höhlentiere nichts sehen, kommt den anderen Sinnen, vor allem dem Tast- und dem Geruchssinn, große Bedeutung zu. Höhlenkäfer, Krebse und Tausendfüßler haben oft auffallend lange Fühler und Beine, mit denen sie ihre Umgebung abtasten; Höhlenfische besitzen Tastpapillen an Kopf, Bauch und Rücken. Die Riechkolben an den Antennen höhlenbewohnender Krebse und auch die dem Geruchssinn dienenden Fühlerabschnitte höhlenle-

bender Insekten sind auffallend stark entwickelt.
Wie jeder von uns aus Erfahrung weiß, wird unsere Stimmung und Aktivität sehr stark vom Wetter und von der Jahreszeit beeinflußt: bei hellem, klarem Sommerwetter sind wir aktiver und unternehmungslustiger als an trüben Novembertagen. Hierbei ist es vor allem die Dauer und Intensität der Belichtung, die über Auge, Gehirn und Hypophyse auf unser Hormonsystem einwirkt und so unseren Stoffwechsel steuert. Höhlentiere müssen auf den aktivierenden Einfluß des Lichtes verzichten, und daran liegt es wohl, daß ihr Leben sehr viel langsamer abläuft als das ihrer oberirdisch lebenden Verwandten. Schon die Eier entwickeln sich langsamer, die Larvenzeit ist oft um ein Vielfaches verlängert und die Tiere sind — bei reduziertem Stoffwechsel und geringerer Vermehrungsrate — insgesamt viel langlebiger als vergleichbare über Tage lebende Arten.

b) Hohe Luftfeuchtigkeit: Bei der in den meisten Höhlen herrschenden hohen Luftfeuchtigkeit erübrigt sich ein besonderer Schutz gegen Austrocknung. Landlebende Höhlentiere sind deshalb meist zarthäutiger als ihre über Tage lebenden Verwandten.

c) Konstante Temperaturverhältnisse: Da die Luft- und Gesteinstemperaturen in Höhlen im Jahresverlauf nur geringfügigen Veränderungen unterworfen sind, gibt es bei Höhlentieren keine ausgeprägten Jahresrhythmen. Auch das Nahrungsangebot ändert sich das Jahr über wenig, so daß sich viele Höhlentiere zu allen Jahreszeiten fortpflanzen können. Nur bei manchen Bewohnern der Höhlengewässer ist — durch die stärker schwankende Temperatur des einströmenden Wassers hervorgerufen — häufig eine deutliche Jahresrhythmik feststellbar.

Herkunft und Verbreitung der Höhlentiere: Wohl alle Höhlentiere stammen von Vorfahren ab, die außerhalb von Höhlen lebten. Den Biologen interessiert nun häufig die Frage, wann und warum eine bestimmte Art zum Höhlenleben übergegangen ist. Über diese Frage gibt mitunter der Grad der Angepaßtheit, aber auch die Verbreitung der betreffenden Art sowie

Schlüssel für die Bestimmung der häufigsten europäischen Fledermäuse

Hufeisenförmiger Nasenaufsatz						RHINOLOPHUS (Hufeisennasen)
Kein Nasenaufsatz						
Schwanz überragt die Schwanzflughaut			Schwanz wird völlig von der Schwanzflughaut eingeschlossen			
Die Hälfte des Schwanzes ragt aus der Flughaut heraus	Nur 2 oder 3 Schwanzwirbel ragen aus der Schwanzflughaut heraus		Ohren am Grunde verwachsen		Ohren frei	
	Flügelspanne 26-27 cm	Flügelspanne 32-35 cm	Ohren länger als Oberarm	Ohren gerade nach vorn gerichtet, dunkles Fell	Ohrdeckel kurz und rundlich Flügelspanne 17-19 cm	Ohrdeckel lang und schmal
TADARIDA (Bulldogg-	VESPERTILIO	EPTESICUS	PLECOTUS (Langohr)	BARBASTELLA (Mops- fleder-	PIPISTRELLUS	MYOTIS

...spanne 28-30 cm gewölbte Stirn
MINIOPTERUS Flügelspanne 30-40 cm
NYCTALUS

Hufeisennase im Winterschlaf

ihrer näheren Verwandten Auskunft. Allgemein wird man eine Höhlenform als »alt« ansehen können, wenn sie viele Anpassungsmerkmale aufweist und wenn sie außerhalb der Höhle in der betreffenden Gegend keine näheren Verwandten mehr hat. Hieraus kann man dann schließen, daß sowohl die Stammform wie auch deren im Freien lebende Verwandte und Nachkommen infolge von Klimaveränderungen oder aus anderen Gründen ausgestorben sind, während die Höhlenform als »lebendes Fossil« überdauerte.
Viele unserer »alten« Höhlentiere stammen von wärmeliebenden Vorfahren ab, die bereits vor oder zu Beginn der Eiszeit in Höhlen eingewandert sind. Sie konnten hier überleben, während ihre ebenfalls wärmeliebenden Verwandten während der Vereisungsperioden ausstarben. Diese alten Höhlentiere erkennt man auch daran, daß sie in der Regel kein größeres, zusammenhängendes Verbreitungsgebiet haben. Infolge der langdauernden Isolation haben sich ursprünglich identische Formen auseinanderentwikkelt, so daß heute jedes Höhlensystem seine eigene

Unterart oder gar Art aufweist.
Gegen Ende der letzten Eiszeit haben wiederum einige Arten in Höhlen Zuflucht gefunden. Diesmal waren es vor allem kälteliebende Wassertiere, denen die Unterläufe der Flüsse allmählich zu warm wurden, so daß sie sich in die Quellgebiete und schließlich in die unterirdischen Karstgewässer zurückzogen. Diese »jungen« Höhlentiere sind in der Regel weiter verbreitet, vor allem dann, wenn ihre Stammform in mehreren Flußsystemen vorkam.

Eine weite Verbreitung haben auch manche Grundwassertiere. Sie stammen allem Anschein nach nicht von Süßwasser-, sondern von Meeresformen ab und sind von den Küsten aus in die grundwasserführenden Bodenschichten der Festländer eingedrungen. Das gilt z.B. für die Brunnenkrebse (*Niphargus*), deren nächste Verwandte in den Lückenräumen des Küstensandes leben.

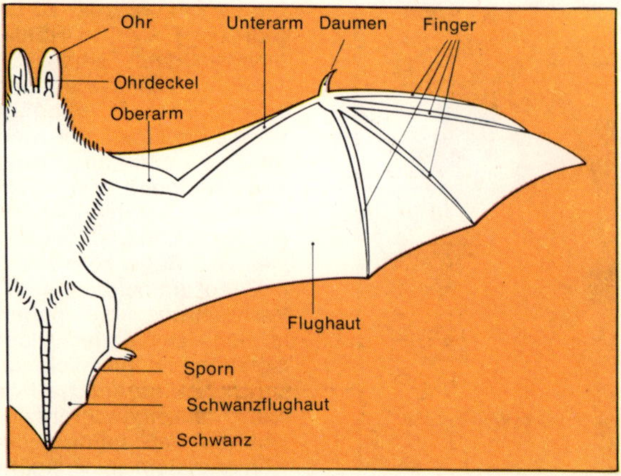

Kleine Hufeisennase, Weibchen mit ausgestreckten Flughäuten

Fledermäuse: Obwohl viele Leute diese nächtlich lebenden Säugetiere mit einer gewissen abergläubischen Scheu und Abneigung betrachten, sind unsere einheimischen Fledermäuse liebenswerte und äußerst nützliche Geschöpfe. Fledermäuse sind die einzigen Säugetiere, die Flügel besitzen und damit auch richtig fliegen können. Ihr Körper ist mit einem sehr feinhaarigen Pelz bedeckt; zwischen den Gliedmaßen spannt sich eine dünne, nur schwach behaarte Flughaut, die auch den kurzen Schwanz ganz oder teilweise einschließt. Unterarm und 2. bis 5. Finger sind stark verlängert, wodurch die Flughaut einen Rahmen und eine elastische Versteifung bekommt. Das Rahmenwerk aus Oberarm und verlängerten Fingern läßt sich fächerartig zusammenklappen. Der Daumen ist nur kurz und läuft in eine hakenförmige Kralle aus. Er wird — bei zusammengefalteter Flughaut — zum Greifen und Klettern benutzt. Am Boden können die Tiere übrigens auf Handgelenken und Füßen recht gut laufen. Vor den

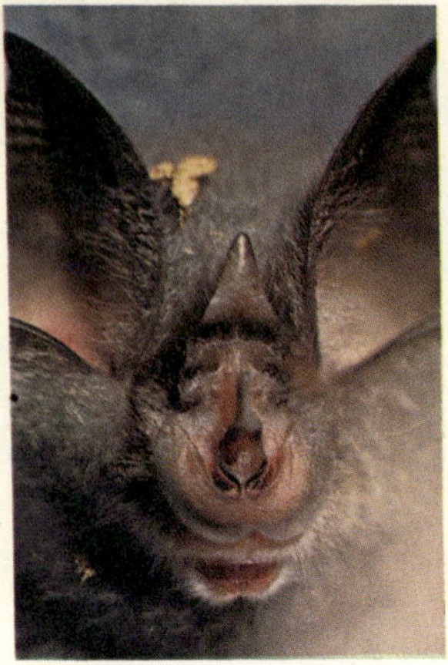
Kopf der Hufeisennase

mitunter sehr großen und zarthäutigen Ohren steht in der Regel ein dreieckiger, sichelförmiger oder rundlicher Ohrdeckel (Tragus). Die Nase hat bei manchen Arten eine sehr merkwürdige Form. So haben z.B. unsere einheimischen Hufeisennasen nach vorn gerichtete, vielfach gefaltete Nasenaufsätze, nach deren Form der Fachmann die einzelnen Arten unterscheiden kann. Die Beine tragen bekrallte Zehen; mit ihnen hängen sich die Fledermäuse zum Schlafen kopfunter an der Decke

Zwei Fledermäuse werden beringt

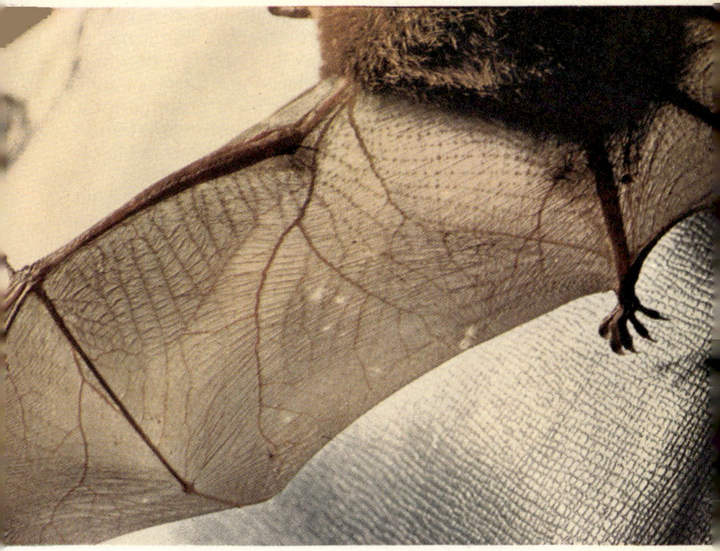

Die Flughäute einer Fledermaus sind gut durchblutet.

von Höhlen oder anderen Quartieren an.
Im Gegensatz zu den meisten anderen Säugetieren haben Fledermäuse keine konstante Körpertemperatur. Nicht nur während ihres ausgedehnten Winterschlafes, sondern auch im Sommer, während ihres Tagesschlafes und während längerer Schlechtwetterperioden, können sie ihren Stoffwechsel, ihre Herzschlagfrequenz und Atemhäufigkeit drosseln. Die Körpertemperatur gleicht sich dann der Temperatur der Umgebung an. Auf diese Weise wird eine Menge Brennstoff gespart, und das ist ein großer Vorteil für diese Tiere, die sich ausschließlich von fliegenden Insekten ernähren und deshalb bei kühlem, feuchtem Wetter so gut wie keine Nahrung finden können.

Das Aufwachen aus diesem winterschlafähnlichen Zustand — und gar aus dem Winterschlaf selbst — dauert freilich etwas länger, weil der Körper, bevor er seine volle Reaktionsfähigkeit erreicht, zunächst auf die Wachtemperatur aufgeheizt werden muß. Das ist auch der Grund, weshalb man schlafende Fledermäuse so leicht fangen kann.
Den Winterschlaf halten viele unserer Fledermaus-Arten in Höhlen, so weit vom Eingang entfernt, daß kein Frost bis zu ihrem Schlafplatz vordringt. Es gibt aber auch Arten, die so wenig frostempfindlich sind, daß sie in hohlen Bäumen und auf Dachböden überwintern können. Manche Fledermäuse unternehmen im Frühjahr und Herbst weite Wanderungen. In Europa wandern sie im Frühjahr nach Norden oder Nordosten, im Herbst zurück nach Süden oder Südwesten; manche Arten, wie z.B. Zwergfledermaus und Nordfledermaus, legen dabei Strecken bis zu 1000 km und mehr zurück. Folglich trifft man in ein und derselben Höhle im Sommer mitunter ganz andere Fledermäuse an als im Winter.
Aufschluß über die Wanderungen der Fledermäuse gewinnt man seit den dreißiger Jahren unseres Jahrhunderts durch umfangreiche Markierungsaktionen. Die Tiere werden mit leichten Metallklammern am Oberarm gekennzeichnet. Die unter Beobachtung stehenden Kolonien kontrolliert man in regelmäßigen Abständen, wobei die Nummern der schon gezeichneten und wieder angetroffenen Tiere notiert und Jungtiere neu markiert werden. Die Ergebnisse werden zentral gesammelt und ausgewertet. Bei diesen Untersuchungen fand man auch heraus, daß Fledermäuse erstaunlich langlebig sind: kleinere Arten werden 10 bis 15, größere sogar bis 25 Jahre alt!
Es muß hier betont werden, daß die Markierung von Fledermäusen und die Kontrolle von Fledermauskolonien Fachleuten vorbehalten bleiben muß. Undiszipliniertes und unkoordiniertes Herumstöbern ungeschulter Höhlengänger in Fledermaushöhlen kann dazu führen, daß die Tiere das betreffende Quartier fortan meiden. Der Laie sollte sich damit begnügen, die schlafenden Fledermäuse aus der Ferne zu

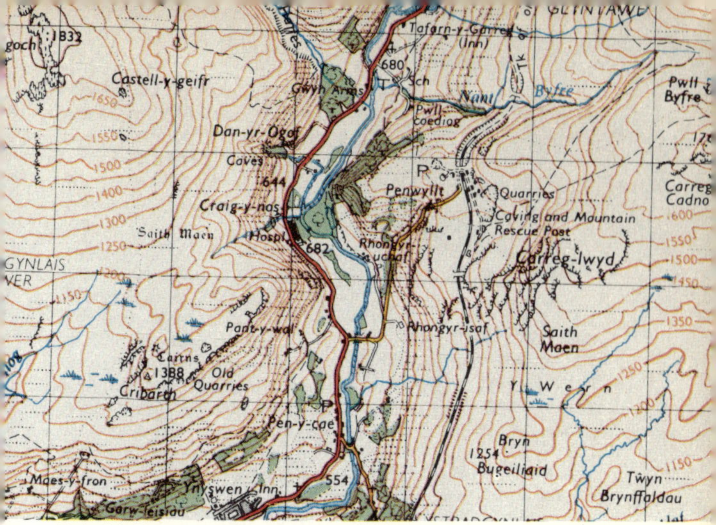

Beispiel einer topographischen Karte mit Höhenlinien und Flußnetz, Wäldern und Straßen. Auch Höhlen sind eingezeichnet.

Beispiel einer geologischen Karte, in der die verschiedenen Formationen durch verschiedene Farben gekennzeichnet sind. Der hier blau eingezeichnete Kalkstein enthält zahlreiche Höhlen.

Versteckter Höhleneingang

betrachten, denn jede Störung — besonders natürlich im Winter — bedeutet Energieverbrauch und schwächt diese kleinen, zarten Tiere erheblich.
Wenn Insekten zum Leben in finsteren Höhlen übergehen, verlieren sie mit dem Sehvermögen auch die Fähigkeit zur Fernorientierung; sie würden beim Fliegen im Dunkeln an jedes Hindernis anstoßen und sind daher gezwungen, zu Fußgängern zu werden, die sich auf ihren Tastsinn verlassen.
Nicht so die Fledermäuse, sie finden sich auch bei völliger Dunkelheit zurecht und weichen beim Fliegen jedem Hindernis aus. Selbst im Dunklen ausgespannte Fäden werden von ihnen geortet und geschickt umflogen. Die Frage, auf welche Weise sich die Fledermäuse orientieren, hat die Naturforscher schon seit Jahrhunderten beschäftigt. Bereits 1793 stellte der Abbé Spallanzini eine Reihe von Experimenten mit Fledermäusen an: Er blendete die Tiere, schnitt ihnen die Zunge ab, verstopfte ihre Nasenlöcher und bestrich ihren Körper mit Lack. Aus dem Umstand, daß keine dieser Maßnahmen das Orientierungsvermögen der Versuchstiere beeinträchtigte, schloß er, daß weder Gesichtssinn noch Geschmack, weder Geruchs- noch Tastsinn dafür verantwortlich sein konnten. Er schloß daraus weiter, daß die Fledermäuse einen sechsten Sinn haben müßten. Spätere Forscher

Große Kalkgebiete, hier die Gorges du Vendon in Frankreich, enthalten viele Höhlen.

konnten zeigen, daß dieser »sechste Sinn« seinen Sitz in den Ohren haben mußte, denn wenn man den Tieren die Ohren verstopfte, versagte ihre wunderbare Orientierungsfähigkeit.
Erst in unserem Jahrhundert und unter Einsatz moderner technischer Hilfsmittel konnte man nachweisen, daß die Fledermäuse keinen sechsten Sinn besitzen, sondern daß ihr Gehör bei der Fernorientierung die entscheidende Rolle spielt. Freilich sind ihre Orientierungslaute so hoch, daß wir sie nicht wahrnehmen und deshalb als »Ultraschall« bezeichnen.
Im Prinzip benutzen die Fledermäuse die Methode des Echolots. Sie senden aus Mund oder Nasenlöchern hohe, für uns unhörbare Töne aus und empfangen das von den Wänden der Höhle und von anderen Gegenständen zurückgeworfene Echo. Diese Methode benutzen sie nicht nur zur Orientierung in Höhlen, sondern auch bei ihren nächtlichen Jagdzügen, denn sie orten ihre Beute, fliegende Insekten, ebenfalls mit Hilfe des Echolots.

Eine Auswahl von Fotoapparaten

TEIL IV

Die Erkundung von Höhlen

In der englischen Urfassung dieses Buches werden diesem Kapitel einige Sätze des Höhlenforschers Martel vorausgeschickt:
»Man muß an dieser erregenden und Begeisterung weckenden Form einer Erkundung teilgenommen haben, um ihre Anziehungskraft verstehen zu können, um zu wissen, wie dieser Drang, Unbekanntes zu erkunden, alle anderen Gefühle überwältigen kann, um zu empfinden, wie es kein Zurück mehr gibt im Rausch, Neues zu entdecken, die Verzükkung, die völlige Finsternis, das Unerklärliche und den Frieden um sich zu spüren und gleichzeitig die Sonne, sogar das Himmelsblau und damit alles das, was die Welt draußen ausmacht, zu vergessen. Alle diese Eindrücke und Empfindungen sind so tief und so außergewöhnlich, daß man sie nie wieder vergessen kann.«
Hinzuzufügen wären Bemerkungen darüber, wie außerordentlich wichtig die Kenntnis und somit die genaue Untersuchung von Karstwässern im Hinblick auf die Gesundheit der Bevölkerung und die Nutzung elektrischer Energie ist. Wenn es auch Jahre braucht, einen guten Wissenschaftler auszubilden und nur einige Monate, ihn in einen guten Höhlenforscher zu verwandeln, so kann doch auch ein Anfänger viel Nützliches zur Untersuchung von Höhlen beisteuern; er kann sich in die topographische Aufnahme von Höhlen einarbeiten oder auf Höhlenfotografie spezialisieren und so gute Grundlagen für ein

besseres Verständnis unterirdischer Welten zusammentragen.

Die Suche nach Höhlen: Jeder, der sich für Höhlen interessiert, wird neben den bekannten Schauhöhlen wenig bekannte Höhlen besuchen wollen oder gar danach trachten, neue Höhlen zu entdecken. Sucht er nach Höhlen, so wird er immer auf gute Kartenunterlagen angewiesen sein. Am genauesten, und somit am besten für seine Zwecke geeignet, sind die Meßtischblätter (topographische Karte 1 : 25 000), die für ganz Deutschland vorliegen und von jeder Buchhandlung oder von speziellen Kartenhandlungen bezogen werden können. Eine bessere Übersicht, aber nicht so viele Details, bieten die Karten im Maßstab 1 : 50 000. Größere Höhlen sind auch noch in Karten vom Maßstab 1 : 100 000 verzeichnet, und Schauhöhlen werden auch in Autoatlanten, in der Generalkarte

Zusatzeinrichtungen für die Höhlenfotografie

Großer Elektronenblitz

1 : 200 000 und anderen großräumigen Kartenwerken aufgeführt. Aus den Karten im Maßstab 1 : 25 000 und 1 : 50 000 kann man alle topographischen Details, die von der Oberfläche her auf Höhlen schließen lassen, erkennen. Die Zusammensetzung des Untergrundes, die Art der Gesteine, die dort vorkommen, läßt sich nur der geologischen Karte entnehmen. Es gibt geologische Übersichtskarten und geologische Spezialkarten, die im Maßstab (1 : 25 000) und dem Kartenausschnitt genau den Meßtischblättern entsprechen. Sie können über die Geologischen Landesämter und über Landkartenhandlungen bezogen werden.

Blitzlichteinrichtung für Blitzbirnen

Die geologischen Karten geben nicht nur die Verbreitung von Kalksteinen (meist blau eingezeichnet) wieder, sondern auch alle größeren Störungen. So kann man schon anhand der Karte mögliche Höhlenvorkommen ermitteln. Zu jeder geologischen Spezialkarte gibt es schriftliche Erläuterungen in Heft- oder Buchform, denen man Einzelheiten über die Kalksteine als wichtigste Höhlengesteine, über etwa vorhandene Höhlen und über die Grundwasserverhältnisse, gegebenenfalls auch über die Karstwässer, entnehmen kann.

	VORTEILE	NACHTEILE
Blitzbirne	Starke Leuchtkraft Große Auswahl verschiedener Stärken Geringes Gewicht	Einzelblitz teuer lange Blitzdauer (1/40 sec.)
Elektronenblitz	Einzelner Blitz billig kurze Blitzdauer (1/500 sec.) Synchronisation bei Mehrfachblitzen einfach	Anschaffung teurer Akku teuer und pflegebedürftig Gerät schwerer und zerbrechlicher Hochspannungsteil bei Nässe gefährlich

Anhand topographischer Karten lassen sich besonders jene Gebiete ausmachen, die ungewöhnliche Wasserverhältnisse haben wie Flußschwinden, Karstquellen etc. Ferner lassen die Höhenlinien erkennen, wo Steilhänge mit möglichen Höhlenöffnungen liegen. Eine besondere Bedeutung sollte man auch den Erzählungen und Berichten der ortsansässigen Bevölkerung zumessen; manchmal kennen Kinder versteckte Höhleneingänge, und alte Leute wissen von inzwischen verstürzten Eingängen zu berichten.

Das Fotografieren in Höhlen

Schon bald nach der Erfindung der Fotografie begann man auch, in Höhlen zu fotografieren. Mit den schweren Plattenkameras und der umfangreichen Zusatzausrüstung, die benötigt wurde, war das ein außerordentlich schwieriges Unterfangen. Denken wir nur daran, wie umständlich und langwierig anfangs das Entwickeln einer einzigen Platte war, welche Mengen von Magnesiumpulver benötigt

wurden, um starkes Blitzlicht für die unempfindlichen Plattenemulsionen zu erzeugen und welche Rauchentwicklung mit dem Abbrennen des Magnesiums verbunden war. Umso größer muß unsere Bewunderung für die Ergebnisse der Höhlenfotografie früherer Zeit sein, die teilweise ganz ausgezeichnet sind.
ßer muß unsere Bewunderung für die Ergebnisse der Höhlenfotografie früherer Zeit sein, die teilweise ganz ausgezeichnet sind.
Mit der Entwicklung der Kleinbildfotografie und hochempfindlichen Filmemulsionen wurde es leichter, unter Tage zu fotografieren, und auch in Bezug auf die Beleuchtung sind heute Fotos möglich, die die früheren Schwierigkeiten fast vergessen lassen. Heute sind die Auswahlmöglichkeiten bei den Kameras, Filmen und Blitzlichtgeräten nahezu verwirrend. Schon mit geringen Mitteln und kleinem Aufwand ist es möglich, vorzügliche schwarzweiße oder farbige Bilder in Höhlen aufzunehmen.
Die Fotografie ist heute eines der wichtigsten Hilfsmittel der Höhlenforschung und wird es auch bleiben.

Die Ausrüstung: Die Art der fotografischen Ausrüstung hängt davon ab, was fotografiert werden soll, wie die räumlichen Gegebenheiten in Bezug auf Beleuchtungsmöglichkeit, Entfernung und Feuchtigkeit sind und welche Schwierigkeiten beim Transport der Ausrüstung bestehen (z.B. ob die Ausrüstung wasserdicht verpackt werden muß).

Die Kamera: Für die meisten Zwecke der Höhlenfotografie ist am besten eine Kleinbildkamera geeignet. Sie hat den großen Vorteil des geringen Gewichtes, und man benötigt nur wenige Zusatzeinrichtungen. Es sollte aber eine Kamera mit Wechseloptik sein, da die Raumverhältnisse vieler Höhlen die Verwendung von Objektiven unterschiedlicher Brennweiten erforderlich machen. Spiegelreflexkameras haben dabei viele Vorteile, die aber bei der Höhlenfotografie durch manchen Nachteil aufgewogen werden. Sie sind meist schwerer und gegen Stoß und Schlag empfindlicher als Sucher-Kameras entsprechender Qualität und auch nicht so handlich. Bei Nahaufnahmen, z.B. von Höh-

lentieren, sind sie jedoch unentbehrlich.
Eingebaute Belichtungsmesser sind unter Tage nicht nötig und auch Entfernungsmesser wegen der Beleuchtungsverhältnisse kaum einsatzfähig. Auf jeden Fall sollte die Kamera robust sein und mit schmutzigen oder nassen Händen gut bedient werden können. Sie muß nicht neu sein, und es gibt gebrauchte Kameras einfacher Bauart, die den Anforderungen besser gewachsen sind als eine neue Kamera mit großem, unter Tage unnützem Bedienungskomfort (wie z.B. Belichtungsautomatik). Wert ist auch auf eine robuste Kameratasche zu legen.
Für wasserreiche Höhlen muß man bisweilen wasserdichte Kameras nehmen oder die Ausrüstung durch ein Unterwassergehäuse ergänzen.

Langzeitaufnahme mit mehreren Blitzlichtern

Die Objektive: Als Standardobjektiv sollte man bei der Höhlenfotografie ein schwaches Weitwinkelobjektiv verwenden, d.h. bei einem Filmformat von 24 × 36 mm eine Objektivbrennweite von 35 — 40 mm. Das übliche Normalobjektiv mit etwa 50 mm Brennweite ist in der Höhlenfotografie nicht so gut verwendbar, es sei denn mit Zwischenringen oder Vorsatzlinsen bei Nahaufnahmen. Für Nahaufnahmen kann man aber auch das schwache Weitwinkelobjektiv verwenden, denn so vorteilhaft es ist, mit einem System von Wechselobjektiven zu arbeiten, so risikoreich kann unter schwierigen Verhältnissen in einer Höhle das Auswechseln der Objektive werden.

Sehr häufig kann man in Höhlen stärkere Weitwinkel-Objektive mit einer Brennweite von etwa 28 mm verwenden, oder auch Ultraweitwinkel mit Brennweiten bis etwa 20 mm (immer bezogen auf Kleinbildaufnahmen im Format 24 × 24 und 24 × 36 mm). Die stärkeren Verzerrungen, die sich bei starken Weitwinkelaufnahmen manchmal störend bemerkbar machen, fallen bei Höhlenaufnahmen kaum auf; sie bringen sogar die Stimmung und eigenartige Atmosphäre einer engen Höhle besonders gut zum Ausdruck. In vielen Fällen lassen sich nur mit starken Weitwinkelobjektiven Dinge wie Tropfsteinformationen, Fundstellen prähistorischer Reste oder alte Höhlenmalereien im Zusammenhang wiedergeben.

Teleobjektive sind nur selten brauchbar, denn dort, wo man mit ihnen schwer zugängliche Dinge fotografieren könnte, wird meist die Beleuchtung zum Problem.

Die Lichtstärke der heute angebotenen Objektive reicht völlig aus, zumal man ja mit langen Belichtungszeiten arbeiten kann. Nur bei Spiegelreflexkameras ist eine große Lichtstärke günstiger. Es ist empfehlenswert, für jedes Objektiv einen passenden, lichtstarken Rahmensucher zu verwenden, sonst werden sich bei der Wahl des Ausschnittes Schwierigkeiten ergeben. Die raumsparenden Universalsucher sind nicht brauchbar, da sie zu lichtschwach sind. Einzelne Rahmensucher sind auch nicht so empfindlich gegen Staub und Wasser.

Diese Szene ist mit drei synchronisierten Blitzen erhellt.

Zubehör: Wichtigstes Zubehör für gute Aufnahmen ist zweifellos ein Stativ, das stabil sein muß und in zusammengelegtem Zustand nicht sperrig. Günstig sind spitze Füße mit aufschraubbaren Gummisokkeln. Für die Kamera sollte man einen Drahtauslöser haben, um bei Langzeitaufnahmen erschütterungsfrei fotografieren zu können. Notfalls kann man sich aber auch des meist eingebauten Selbstauslösers bedienen.

Die Objektive sollte man durch eine aufgesetzte Sonnenblende vor Tropfwasser schützen. Einen vorzüglichen Schutz der Linse bilden aufschraubbare Filter, die sich viel besser von Kondenswasser und Schmutz reinigen lassen als die Linse selbst. Da ein solcher Filter kein Licht wegnehmen soll, nimmt man UV-Filter (Skylight-Filter). Pinsel, Lederläppchen und Papiertaschentücher zum Reinigen von Kamera und Objektiven sollte man stets bei sich haben.

Die Beleuchtung: Früher waren Fackeln, Kienspäne und Kerzen die einzigen Lichtspender in Höhlen. Die später verwendeten Karbidlampen gaben ein vorzügliches, helles Licht, doch war es schwer, sie für die richtige Ausleuchtung von Höhlenfotografien einzusetzen. Auch die aus Magnesiumband hergestellten Magnesiumfackeln und offenes Blitzlicht aus entzündetem Magnesiumpulver verwendet man kaum mehr.
Heute hat man die Wahl zwischen Blitzbirnen unterschiedlicher Form und Stärke sowie Elektronenblitzgeräten. Beide haben ihre Vorzüge. Blitzlichtbirnen gibt es bis zu sehr großer Lichtstärke, ohne daß das zugehörige Gerät umfangreich ist. Lichtstarke Elektronenblitz-Geräte sind heute erstaunlich klein und handlich, denkt man an die Modelle, die noch vor zehn Jahren auf dem Markt waren. Vor- und Nachteile sind in der Tabelle auf Seite 113 zusammengestellt.
Die Vor- und Nachteile sollten aber nicht alleine den Ausschlag geben. Die Wahl wird vielmehr durch die besonderen Anforderungen mitbestimmt werden, die von Höhle zu Höhle wechseln können. Bei aufwendigeren Höhlenbegehungen kann man sich gegen Versagen des Blitzlichtes auch durch Mitnehmen von zwei verschiedenen Blitzlichtsystemen schützen.

Birnenblitz-Geräte: Die bekannten Blitzwürfel und kleinen Birnenblitzgeräte genügen bei der Höhlenfotografie nur einfachen Ansprüchen. Da sie mit geringer Spannung arbeiten, sind sie zudem gegen Kriechströme unter feuchten Höhlenbedingungen sehr anfällig. Es kommt häufiger zu Ausfällen als bei Geräten, die mit einem Satz von Taschenlampenbatterien oder einem Akku bei höherer Spannung arbeiten. Die Lichtstärke einer Blitzbirne drückt sich in ihrer Leitzahl aus, die bei gegebener Filmempfindlichkeit das Produkt aus Blendenöffnung und Entfernung in Metern ist. Ein Beispiel: die Leitzahl 32 (für einen Film von 100 ASA) bedeutet, daß bei Blende 16 die richtige Beleuchtung in 2 m Entfernung ($16 \times 2 = 32$) und bei Blende 4 die richtige Beleuchtungsstärke in 8 m Entfernung ($4 \times 8 = 32$) er-

Leitzahlen der Blitzlichter für die Höhlenfotografie

Film-empfind-lichkeit (ASA)	**Weiße Blitzbirnen** (Filter bei allen Farbfilmen)				
	AG 1 PF 1	PF 5	PF 60	PF 100	PF 45*
25	56	80	140	170	70
50	80	110	200	240	100
100	110	160	280	340	140
160	135	200	350	425	175

	Blaue Blitzbirnen (Tageslicht-Farbfilm)				
	AG 1B PF 1B AG 3B MF 1B	PF 60/97	PF 100/97	PF 6B*	PF 45/97*
25	40	100	125	25	36
50	56	140	175	36	50
100	80	200	250	50	72
160	100	250	310	64	90

	Elektronenblitz (Tageslicht-Farbfilm)			
	30—40 Joules	60 Joules	100—130 Joules	160 Joules
25	25	32	50	60
50	35	45	72	84
100	50	64	100	120
160	64	80	125	150

*Alle Blitze können für Schwarzweißfilm verwendet werden. Bei Zentralverschluß X-Kontakt und 1/25 oder 1/30 Sekunde. Bei automatischen Kameras Einstellung auf »Blitz«. Bei Schlitzverschluß M-Kontakt; Hinweise des Kameraherstellers beachten. Die mit * versehenen Zahlen gelten für Schlitzverschluß, M-Kontakt und 1/60 Sekunde.*

reicht ist. Tabellen, die dies angeben, finden sich auf allen Blitzbirnen-Verpackungen aufgedruckt. Die Werte gelten aber nur für den direkten, nicht für den indirekten Blitz. Es ist möglich, zwei Blitzbirnen durch Klebefilm so aneinander zu befestigen, daß sie gleichzeitig blitzen, wenn eine von ihnen gezündet wird. Man erhält dann die doppelte Lichtausbeute. Die Lichtausbeute ist aber auch vom Reflektor abhängig, und man sollte bei der Höhlenfotografie nur gute und hinreichend große Reflektoren verwenden.

Elektronenblitz-Geräte: In den letzten Jahren sind die Elektronenblitz-Geräte in Bezug auf Gewicht und Lichtstärke sehr weitgehend entwickelt worden. So ist es nun möglich, leistungsstarke Elektronenblitze von geringem Gewicht zu vernünftigen Preisen zu erwerben. Sie haben Nickel-Cadmium-Akkus und sind auch im Gebrauch robust. Nur sollte man sie vor Nässe schützen. Je höher die Leitzahl, umso vielseitiger sind sie unter Tage einsatzfähig. Moderne Elektronenblitze haben eine Computer--Automatik; bei Höhlenbildern sollte man sie abschalten und den Blitz in seiner vollen Stärke nutzen.

Blitzlichtketten: In Höhlen ist es oft nötig, für eine Aufnahme mehrere Lichtquellen einzusetzen. Ist keine Stromzuführung für Lampen vorhanden, was meist der Fall ist, so wird man an mehreren Stellen Blitzlampen oder Elektronenblitze anbringen und diese gleichzeitig oder in kurzer Folge nacheinander zünden. Schwierigkeiten treten hier durch die Kabelverbindungen auf, namentlich dann, wenn an den Kabelkupplungen Schmutz und Nässe zu Kurzschlüssen führen. Benutzt man nur eine Stromquelle zum Auslösen der Blitze, so muß sie entsprechend stark sein, um den Spannungsabfall auszugleichen. Ist jede der Lichtquellen selbständig, so kann man weiter entfernt liegende Blitze auch synchron durch Funk auslösen, ein technischer Aufwand, der für den Amateur kaum in Frage kommt.

Das Filmmaterial: Benutzt man nur eine Kamera, so muß man sich entscheiden, ob man schwarzweiße oder farbige Aufnahmen machen möchte. Farbfilm hat in der Regel einen geringeren Belichtungsspielraum als die meisten Schwarzweißfilme; die Aufnahmen sind aber oft eindrucksvoller und zudem kann man gute Farbbilder im Bedarfsfall in schwarzweiß umkopieren, nicht aber umgekehrt. Nutzt man einen Blitz mit zwei Kameras aus, so empfiehlt es sich, den gleichen Film zu nehmen und unterschiedliche Blickwinkel zu wählen.

Schwarzweiß-Filme gibt es in sehr verschiedener Empfindlichkeit. Ein Film mittlerer Empfindlichkeit mit möglichst feinem Korn, der nicht hart arbeitet, ist allgemein am besten geeignet. In einigen Fällen wird man ein gröberes Korn zugunsten einer sehr hohen Filmempfindlichkeit in Kauf nehmen. Filme mit geringer Empfindlichkeit und feinstem Korn wird man kaum in Höhlen einsetzen. Einen großen Einfluß auf die Qualität der Aufnahmen hat die Art, wie der Film entwickelt wird. Hier nimmt man Feinkornentwickler und kann dann mögliche Fehler, wie z.B. Unterbelichtung, noch etwas korrigieren.

Farbfilme stehen in großer Auswahl zur Verfügung. Bei der Wahl spielen die Beleuchtungsmöglichkeiten die wichtigste Rolle, sowohl in Bezug auf die Empfindlichkeit als auch bei der Frage, ob ein Tageslichtfilm oder ein Kunstlichtfilm besser geeignet ist. Die Entscheidung für einen Negativ- oder einen Positiv-Film wird sich nach dem späteren Verwendungszweck der Bilder richten. Grundsätzlich lassen sich von Farbnegativen später auch Diapositive herstellen und von Diapositiven auch Papierabzüge, doch geht etwas von der Farbqualität verloren, wenn umkopiert wird.

Schließlich werden beim Vergleichen der verschiedenen Möglichkeiten auch die Kosten zu berücksichtigen sein. Die preiswertesten Farbbilder erhält man durch Umkehrdiapositive.

Die verschiedenen Farbfilm-Fabrikate geben nicht alle Farben in gleicher Weise wieder. Welche Farben den Originalfarben am nächsten kommen, ist nicht immer klar zu entscheiden, da auch viel persönlicher Eindruck im Farbempfinden mitspielt. Jeder muß eigentlich für sich herausfinden, welcher

Farbfilm seinen Farbgeschmack am besten trifft.
Es gibt zwei Grundtypen von Farbfilmen, den Kunstlichtfilm und den Tageslichtfilm. Letzteren kann man in der Höhlenfotografie mit blauen Blitzlichtbirnen oder, wenn man ein schwaches Blaufilter auf das Objektiv setzt, auch mit weißem Licht (starke Blitzbirnen oder starke elektrische Fotolampen) verwenden. Elektronenblitze geben mit Tageslichtfilm gute Ergebnisse, meist ohne Filter, bisweilen auch mit einem schwachen Filter. Ein großer Vorteil des Tageslichtfilmes ist für den Amateur, der wenig fotografiert, daß man ihn über und unter Tage in gleicher Weise benutzen kann und so weder Kamera noch Film wechseln muß.
Kunstlichtfilme sind auf besondere Fotolampen mit bestimmten Farbtemperaturen eingestellt. Bei Tageslicht können sie notfalls auch verwendet werden, wenn man einen passenden Braunfilter benutzt. Dort, wo man in Höhlen keine Fotolampen anschließen oder aufstellen kann, läßt sich der Kunstlichtfilm mit klaren Blitzlichtbirnen verwenden, wobei ein Braunfilter nötig ist.

Beleuchtungstechnik: Die Beleuchtung ist bei Höhlenfotografien außerordentlich wichtig. Gegenüber den Verhältnissen bei Tageslicht hat der Fotograf aber den Vorteil, sich die Beleuchtung nach seinen Wünschen einrichten zu können. Gesetzt den Fall, daß er genug Licht zur Verfügung hat, sollte er möglichst so stark abblenden, daß er eine gute Tiefenschärfe erhält. Die Lampen sind, wenn möglich, nahe an das zu fotografierende Objekt heranzubringen.
Wie im Atelier, so kann man häufig auch in der Höhlenfotografie durch Wahl der Beleuchtungsrichtung sehr unterschiedliche Bildwirkungen vom gleichen Objekt erhalten. Direkte Beleuchtung von vorne, direkte oder indirekte Beleuchtung von der Seite oder durch eine gut abgeschirmte, hinter dem Objekt aufgestellte Lampe, direkte Beleuchtung von unten, von oben oder aus einem anderen Winkel — es gibt ungezählte Möglichkeiten, besonders dann, wenn man mehrere Lichtquellen zur Verfügung hat. Auch der Höhlenfotograf muß lernen, durch Aufnahmestandort, Aufnahmewinkel und ganz besonders

durch die Art der Beleuchtung einerseits das typische seines Aufnahmegegenstandes herauszuarbeiten und andererseits die herrschende Stimmung einzufangen.

Die Tabelle auf Seite 119 gibt eine Übersicht über gebräuchliche Blitzlichttypen und die Leitzahlen für Filme verschiedener Empfindlichkeit. Bei diesen Leitzahlen ist berücksichtigt, daß die Höhlenwände meist sehr schlecht reflektieren. Die Leitzahl gibt, wie schon oben aufgeführt, das Produkt aus Blende und Entfernung wieder. Wichtig ist in diesem Zusammenhang, daß nicht die Entfernung der Kamera, sondern die der Lichtquelle zählt! In engen Höhlen und Gängen mit hellen

Kompaß mit Visiereinrichtung

Behelfsmäßiger Neigungsmesser

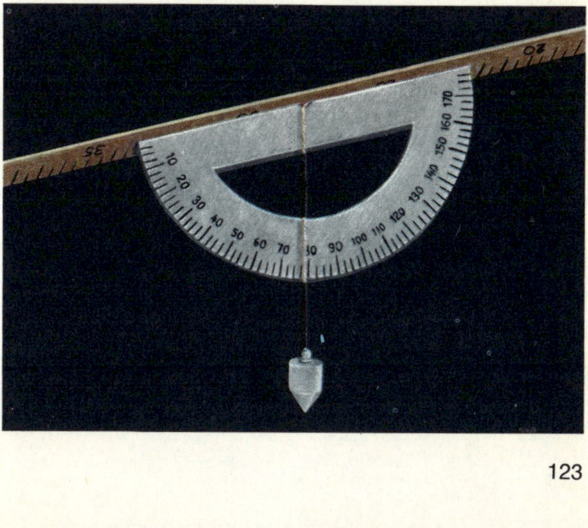

Wänden, aber auch beim Fotografieren von Sinterbildungen, sollte die Blende einen Schritt weiter geschlossen werden; bei sehr dunkel gefärbten Wänden und Höhlenlehm ist die Blende um einen bis zwei Schritte weiter zu öffnen. Mehrere Lichtquellen erfordern ein Abschätzen der Beleuchtungsstärken:

Fall 1: Wenn sich die ausgeleuchteten Bildabschnitte nicht überlappen, zählt jede Lichtquelle mit ihrer normalen Leitzahl. Man muß nur die Entfernungen zwischen den Lichtquellen und dem Bildabschnitt, den sie ausleuchten sollen, nach den Leitzahlen so abstimmen, daß für alle der gleiche Blendenwert gilt.

Fall 2: Wenn mehrere Lichtquellen gemeinsam dasselbe Objekt ausleuchten, schließt man die Blende um einen Schritt, wenn sich die Leitzahl einer Lichtquelle verdoppelt, um zwei Schritte, wenn sie sich verdreifacht um drei usw.

Fall 3: Beim Ausleuchten einer großen Fläche bringt man die Lichtquellen so an, daß sie im Winkel von 45° zur Fläche stehen und kalkuliert die Helligkeit nach der Mitte der Fläche.

Fall 4: Für indirekte Beleuchtung setzt man nur die halbe oder 1/4 der Leitzahl ein, je nach der Helligkeit der reflektierenden Wände.

Es ist möglich, die unterschiedlichen Beleuchtungsweisen miteinander zu kombinieren. So kann man Tageslichtfilm mit blauen Blitzbirnen und Elektronenblitzen gleichzeitig ausleuchten.

Das Fotografieren: Es wird meist große Schwierigkeiten machen, die natürlichen Verhältnisse zutreffend wiederzugeben, die Größe eines Raumes, die Neigung einer Wand oder die Ausdehnung einer Wasserfläche. Größere Motive sollte man daher mit mehreren Lichtquellen von verschiedenen Stellen her kulissenartig ausleuchten. Ein einzelnes, starkes Blitzlicht würde den Vordergrund überbelichten. Zu guten Ergebnissen führt folgende Technik: Die Kamera wird mit Stativ aufgestellt; der Verschluß wird auf Zeit (T) geöffnet, und dann werden nacheinander die verschiedenen Gebiete des Motivs mit dem Blitzlicht aufgehellt.

Aufnahmen mit Personen in Höhlen können freihändig, aber auch mit dem

Selbstauslöser vom Stativ aus gemacht werden. Auch hier genügt eine einzelne Lichtquelle nur bei kurzen Entfernungen; meist muß man mehrere Lichtquellen verwenden und diese synchron auslösen, wenn es Blitzlichter sind. Bei Blitzbirnen, deren Leuchtzeit am Objektiv verwenden. Bei Spiegelreflexkameras ist es bei ausreichender Beleuchtung einfach, die Bildschärfe und den Bildausschnitt passend einzustellen. Für manche Sucherkameras gibt es Zusatzeinrichtungen, die bei Nahaufnahmen den Pa-

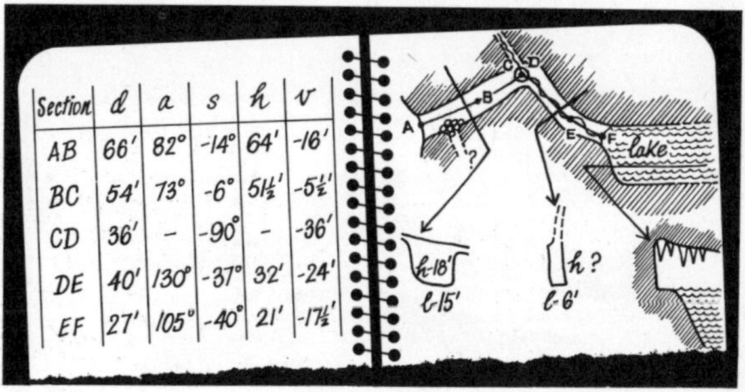

Feldbuch eines Höhlenerkunders

etwa 1/40 Sekunde dauert, können im Gegensatz zum Elektronenblitz, Bewegungsunschärfen auftreten. Kameramann und handelnde Personen sollten sich deshalb nicht zu hastig bewegen. Nahaufnahmen kann man mit den unterschiedlichsten Zusatzeinrichtungen machen. Je nach Kamerasystem wird man Vorsatzlinsen oder, in der optischen Qualität überlegen, Zwischenringe rallaxenausgleich und die Sucherbildkorrektur übernehmen. Andere Systeme ermitteln Entfernung und Bildausschnit durch vier Distanzstäbe oder einen in bestimmter Entfernung vor die Kamera gesetzten Rahmen, wobei feste Aufnahme-Maßstäbe vorgegeben sind. Zweck, Ausrüstung und Mittel werden bei der Wahl die Entscheidung bestimmen. Man kann schließlich auch die Entfer-

nung mit dem Zollstock messen und den Bildausschnitt abschätzen und dennoch vorzügliche Ergebnisse erzielen.
Verwendet man Zwischenringe oder Balgen, so muß man berücksichtigen, daß bei Nahaufnahmen Belichtungsverlängerungen nötig werden. Sie betragen beim Maßstab 1 : 0,5 etwa das Doppelte und beim Maßstab 1 : 1 das vierfache der normalen Belichtungszeit.
Bei Blitzlichtaufnahmen kommt dazu, daß bei geringen Entfernungen von we-

Höhlenplan

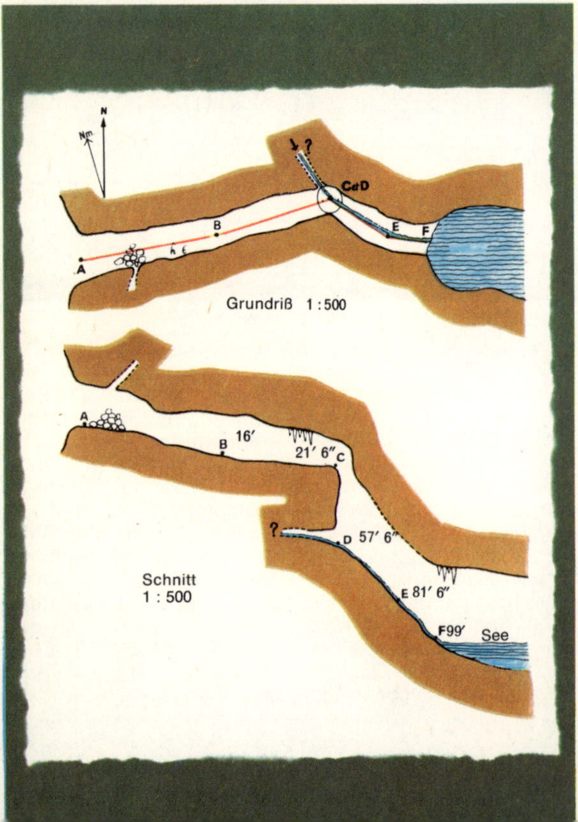

niger als einem Meter die Leitzahlen nicht mehr stimmen. Man halte deshalb das Blitzlicht entweder in dieser Entfernung oder sammle mit einem Testfilm Erfahrungswerte für die spezielle Ausrüstung, sonst riskiert man unterbelichtete Bilder.

Das Filmen in Höhlen: Naturgemäß ist beim Filmen in Höhlen das Hauptproblem die Beleuchtung. Schon in den dreißiger Jahren wurden unter Tage Filme gedreht, wobei man starke Karbidlampen mit großen Reflektoren und Magnesiumfackeln einsetzte. Wenn diese Filme auch etwas dunkel gerieten, so wären doch bei gleicher Beleuchtung mit modernen, hochempfindlichen Filmen inzwischen bessere Ergebnisse zu erzielen. Gleiches gilt für die früheren Versuche, Gaslampen, z.B. mit Propangas, zu verwenden.

In den letzten Jahren sind tragbare elektrische Lampensysteme mit starken, aufladbaren Batterien und leistungsstarken Niedervoltlampen auf den Markt gekommen, die die Filmarbeit in Höhlen sehr erleichtern. Mehr als beim Fotografieren steht beim Filmen die finanzielle Seite im Vordergrund. Die Kamera sollte wasserdicht sein, nach Möglichkeit ein Modell, wie es für Unterwasserfilmen verwendet wird. Auch das Zubehör sollte starker Beanspruchung standhalten können.

Film lebt von der Handlung. Daran sollte man auch denken, wenn man in einer Höhle filmt. Sonst kann eine Farbdiareihe, kombiniert mit einem Tonband, genauso gut sein wie ein handlungsloser Film oder gar besser.

Die Vermessung von Höhlen

Bei der ersten Erkundung einer Höhle ist eine topographische Aufnahme oder Vermessung die wichtigste Aufgabe. Erst ein genauer Plan der Höhle macht es möglich, verstürzten Zugängen, Seitengängen und Verbindungswegen zu anderen Höhlen auf die Spur zu kommen. So ein Plan vermag auch Beziehungen klarzulegen, die zwischen der Höhle und Strukturen an der Erdoberfläche, wie z.B. Erdfällen, bestehen. Er gibt Hinweise auf den Ver-

lauf unterirdischer Wasserwege und dient damit auch der Wassergewinnung. Bei der genauen Vermessung ergeben sich manche Neuentdeckungen, die bei einfachen Begehungen nicht auffallen.
Auch die Besitzverhältnisse einer Höhle sind erst dann zu klären, wenn eine genaue Vermessung vorliegt; sie werden wichtig, wenn eine Höhle dem Tourismus erschlossen werden soll.

Die Ausrüstung: Die einfachen Vermessungsarbeiten kann man mit Meßband, Kompaß und Klinometer (Neigungsmesser) vornehmen. Meßbänder gibt es in unterschiedlichen Längen und sehr verschiedener Ausführung. Die genauesten Längenmessungen sind mit Stahlbändern möglich, da diese sich nicht verziehen. Ihr Nachteil ist, daß sie schwer und teuer sind. Sie müssen wie alle Meßeinrichtungen nach Gebrauch gut gereinigt und gepflegt werden. Gewebebänder sollten um der besseren Maßhaltigkeit willen mit Metalldraht verstärkt sein. Dann lassen sie sich auch bei Höhlenvermessungen verwenden, obwohl sie gegen Scheuern an Ecken und Kanten empfindlich sind. Am besten informiert man sich in einer Eisenwarenhandlung über Ausführungen und Preise. Die Länge der verwendeten Bandmaße sollte nicht unter 25 m liegen; zum Aufspulen sollte eine einschlagbare Kurbel vorhanden sein. In großen Höhlen erleichtern Bandmaße von größerer Länge (50 m) die Arbeit.
Richtungsmessungen werden mit einem Kompaß vorgenommen. Mit ihm bestimmt man die Abweichung der vorgegebenen Richtung von der Nordrichtung. Da der magnetische Nordpol nicht mit dem topographischen übereinstimmt und außerdem seine Lage ändert, sollte man in jedem Fall die Mißweisung berücksichtigen. Sie ist örtlich verschieden und Angaben mit Jahreszahl und jährlicher Änderungsrate findet man auf dem Rand des jeweiligen Meßtischblattes (Vorsicht bei alten Kartenunterlagen!). Die Mißweisung läßt sich bei einem guten Kompaß korrigieren, und man sollte die Korrektur durch Visieren anhand der Karte im Freien überprüfen. Das

setzt eine Visiereinrichtung voraus, die jeder gute Wanderkompaß hat; genauer arbeitet es sich mit einem Bergmannskompaß oder einem Geologenkompaß (Brunton-Kompaß), die sich, benutzt man sie mit einem Stativ, bei Vermessungsarbeiten sehr bewähren. In der Handhabung sind besonders Kompasse mit ölgedämpfter Nadel angenehm, da sie nicht lange nachschwingt und deshalb besser ablesbar ist.

Bei allen Messungen ist zu beachten, daß besonders Eisenmetalle die Kompaßnadel ablenken. Eiserne und eisenhaltige Gegenstände gehören beim Vermessen nie in die Nähe des Kompaß!

Neigungswinkel lassen sich mit dem Klinometer (Neigungsmesser) ermitteln. Bergmanns- und Geologenkompasse enthalten einen eingebauten Klinometer. Anstelle des Klinometers kann man auch ein sogenanntes Horizontalglas zusammen mit einer Meßlatte verwenden; es ist eine kleine Wasserwaage mit Visiereinrichtung, mit der man die Horizontale ermittelt; Neigungen werden dann nicht als Winkel, sondern z.B. in Zentimeter pro Meter angegeben.

Vermessen: Grundlage jeder Vermessung ist, daß man sich zunächst am Höhleneingang einen festen Punkt sucht, den man gut sichtbar und dauerhaft markiert. Er sollte auch später jederzeit ohne Schwierigkeit wieder aufgefunden werden können. Das gleiche gilt für die Vermessungspunkte in der Höhle, die man so aussuchen sollte, daß sie gut zugänglich sind und nicht bewegt werden können oder (z.B. an einer spaltenreichen Wand) herunterbrechen. Schließlich müssen die Vermessungspunkte bei Kontrollmessungen und beim Vermessen von Seitengängen häufiger benutzt werden und sollten auch später zu Ergänzungen des Höhlenplanes und zur Orientierung herangezogen werden können. Man gibt den Vermessungspunkten Nummern oder versieht sie mit der Zahl der Meterentfernung vom Ausgangspunkt aus. Auf trockenen Wänden kann man mit Ölkreiden, Ölfarben etc. markieren und den Punkt mit Hammer und Meißel als Kreuz in das Gestein schlagen. Bei nassen Wänden empfiehlt es sich, verzinkte Nägel in eine dünne Wandfuge zu treiben und an ihnen ein Aluminiumplättchen zu befestigen, das eine Kennziffer trägt. Nie sollte man sich in Höhlen auf sein Erinnerungsvermögen verlassen, da ständig neue Eindrücke die alten ablösen und außerdem die gleiche Stelle bei unterschiedlicher Beleuchtung immer wieder anders aussieht.

Vom ersten Vermessungspunkt am Höhleneingang ausgehend, legt man die nächsten Punkte in der Höhle so fest, daß sie innerhalb der Reichweite des Bandmaßes liegen und notiert sich dann die genauen Entfernungen und die mit Kompaß und Neigungsmesser gemessenen Winkel. Auf der Meßstrecke zwischen zwei Punkten nimmt man dann noch in Abständen, die von der gewünschten Genauigkeit abhängen (z.B. nach jedem Meter oder nach jeweils 5 m), Hilfsmessungen mit einem Zollstock oder einem zweiten Bandmaß vor, die Auskünfte über Breite und Höhe der Höhle geben. Zusätzlich werden alle Besonderheiten, wie auffallende Tropfsteine, Verstürze, Strudellöcher etc., eingemessen und im Feldbuch kurz beschrieben.

Für jede Vermessung sind mindestens zwei Personen nötig, da das Band gespannt werden muß und die Vermessungspunkte beim Anpeilen zu beleuchten sind. Bei genauen Vermessungen hängt man an den Vermessungspunkt, der immer an einem vorspringenden Teil der Wand oder einem niedrigen Deckenabschnitt liegen sollte, eine Schnur mit Lot und hält eine Lampe genau hinter die Lotschnur, die angepeilt wird.

Exakte Höhlenvermessungen werden mit geodätischen Instrumenten vorgenommen, wie sie bei der Landvermessung und im Bergbau üblich sind. Es gibt inzwischen auch die Möglichkeit, einen vom Vermessungstrupp in der Höhle mitgeführten Magnetstrahler von der Tagesoberfläche aus genau zu orten, da ein magnetisches Feld das Gestein durchdringt. So läßt sich direkt eine Beziehung zwischen der Tagesoberfläche und der Höhle herstellen.

Schon während der Vermessung einer Höhle sollte man versuchen, sich einen möglichst genauen und maßstabsgetreuen Plan anzufertigen. Bewährt hat es sich, auf kariertem Papier eine Übersichtsskizze, bei

Färben eines Baches mit Fluorescein

der jedes Karo z.B. 10 m entsprechen kann, durch eine größere Anzahl von Detail-Plänen, bei denen jedes Karo z.B. 1 m entspricht, zu ergänzen. So verliert man nicht den Überblick und hat doch genügend Raum, um alles, was auffällt, darzustellen. Die Entscheidung, ob etwas wichtig ist oder nicht, verschiebe man beim Notieren auf später. Weglassen ist immer noch möglich, Ergänzungen hingegen mit großer Mühe verbunden. Kleinigkeiten werden im Verlauf der weiteren Erkundung mitunter bedeutungsvoll, für wichtig gehaltene Details sind häufig später, im Hinblick auf das Ganze, bedeutungslos.

Zeichnen des Höhlenplanes: Wenn man die Mühsal der Vermessung später am Zeichentisch in einen sauber gezeichneten Höhlenplan umsetzt, so kann auch dies zum Erlebnis werden. Die Ausrüstung bei der Zeichenarbeit muß nicht aufwendig sein, wenn auch ein großer Zeichentisch mit Zeichenmaschine unschätzbare Vorteile bietet. Gute Zeichendreiecke mit exakt rechtem Winkel, Lineale unterschiedlicher Länge (25 und 50 cm) mit sauberer Millimetereinteilung und einer Kante, die etwas unterschnitten ist und so das Verlaufen von Tusche verhindert, Zirkel und Stechzirkel zum Abstecken von Entfernungen,

Überreste von Eiszeittieren in einer Höhlenablagerung

gute Ziehfeder, Trichterfedern oder Rapidographe in einigen unterschiedlichen Strichstärken, Bleistifte mehrerer Härtegrade (mittel und hart), Qualitäts-Zeichentusche, gutes Zeichenpapier und sehr gutes Transparentpapier, Millimeterpapier, weicher Radiergummi und Glasfaser-Radierstift für Tusche, ein Zeichenbrett und ein exakter Winkelmesser — das alles sollte eigentlich zur Verfügung stehen. Man achte darauf, daß Winkelmesser und Kompaß die gleiche Gradeinteilung haben, denn es werden heute nebeneinander Kompasse in der alten 360°-Einteilung und mit der Neugrad-Einteilung von 400° angeboten! Zum Umrechnen der Neigungswinkel und zum Berechnen der wahren horizontalen Entfernungen bei schräg gemessenen Streckenabschnitten, sollte eine Logarithmentafel zur Hand sein. Bei größeren Zeichenarbeiten genau vermessener Höhlen lohnt sich der Einsatz von Rechenmaschine oder Kleincomputer.

Der Maßstab, in dem die Zeichnung angelegt wird, richtet sich ganz nach der

Größe der Höhle und nach der Genauigkeit und dem Zweck der Vermessung. Es kann nötig sein, einen Übersichtsplan, z.B. im Maßstab 1 : 1000 oder 1 : 5000 herzustellen und ihn durch Detailpläne im Maßstab 1 : 100 oder 1 : 500 zu ergänzen. In manchen Fällen, z.B. beim Vorliegen historischer oder prähistorischer Funde, werden noch genauere Lagepläne, z.B. im Maßstab 1 : 25, erforderlich.

Den Grundrißplan (Aufriß) ergänzt man durch Schnittzeichnungen (Profile), die senkrechte Längs- und Querschnitte durch bestimmte Höhlenabschnitte wiedergeben. Erst mit Längs- und Querprofilen wird der räumliche Eindruck der Höhle richtig wiedergegeben; es ist selbstverständlich, daß diese Profile im Maßstab mit den Aufrissen übereinstimmen müssen und daß die Profillinien in den Aufrißplänen (mit Großbuchstaben, z.B. A-A') gekennzeichnet sind. Tiefenlinien sind im allgemeinen überflüssig, doch sollten die im Plan eingezeichneten Vermessungspunkte eine Angabe über ihre Tiefenlage enthalten. Diese kann auf den Meeresspiegel (N.N.), bei kleinen Höhlen aber auch auf den Ausgangspunkt am Höhleneingang bezogen sein. Dessen Höhenlage sollte so angegeben sein, wie sie der topographischen Karte zu entnehmen ist.

Bericht zur Höhlenerkundung: Wenn man eine Höhle oder ein Höhlensystem erkundet und vermessen hat, sollte man einen Bericht darüber schreiben, der einesteils die Höhlenpläne erläutert und andernteils die Höhle in ihrer Gesamtheit und in ihren Besonderheiten beschreibt. Ein solcher Bericht ist für andere Höhlenfreunde und -forscher von großem Interesse. Er sollte, auch wenn er nur kurz ist, folgende Angaben enthalten:

a) Name der Höhle, Lage mit Angabe der Kartenunterlagen und Art der Höhle (Gang, Schachthöhle, Halbhöhle etc.).

b) Daten der Erkundung und Namen der Teilnehmer sowie Hinweise auf etwa vorhandene Literatur (auch auf Zeitungsberichte).

c) Zugänglichkeit der Höhle und Schwierigkeiten, die bei ihrer Begehung aufgetreten sind.

d) Größenangabe und ge-

naue Beschreibung (möglichst mit Plänen).
e) Geologische Angaben über Art und Lagerungsverhältnisse des Gesteinskomplexes, in dem die Höhle liegt, über Art und Lagerungsverhältnisse der Ablagerungen in der Höhle und über Fossilien.
f) Hydrologische Angaben, besonders über Wasserdurchflüsse, Wasseransammlungen, Schwinden und Quellen.
g) Bewetterung der Höhle mit Angaben über Temperatur und Luftfeuchtigkeit

Erkundung eines Höhlenbaches mit dem Schlauchboot

sowie über Luftströmungen.
h) Vorkommen und Art von Höhlentieren und -pflanzen.
In einigen Ländern findet die Höhlenforschung so großes Interesse, daß viele Höhlen gut bekannt sind und zahlreiche Beschreibungen von Höhlen und Berichte über Erkundungen gedruckt vorliegen. Das muß aber nicht entmutigen, im Gegenteil, gerade dort läßt sich das eigene Können am besten überprüfen, und gerade dort ist auch eine Neuentdeckung ein besonderes Ereignis. Schließlich werden immer neue Untersuchungsmethoden entwickelt, die neue Ergebnisse versprechen.

Hydrologische Erkundungen

Die Bedeutung unterirdischen Wassers: Das sogenannte Grundwasser, also jenes Wasser, das sich im Boden und in den Gesteinsschichten des Untergrundes nach Niederschlägen ansammelt und bewegt, ist für das pflanzliche und tierische Leben auf der Erde von ungeheurer Bedeutung. Je tiefer der Grundwasserspiegel unter der Oberfläche liegt, umso karger die Vegetation. Dort, wo in Wüsten das Grundwasser nahe an die Oberfläche reicht, halten sich, trotz geringster Niederschläge, die grünen Inseln der Oasen.
Kalkgebiete sind immer von der Verkarstung bedroht, denn in ihnen verschwinden das Grundwasser und das Oberflächenwasser schnell in große Tiefe. So kann selbst in niederschlagsreichen Gegenden im Karst eine »Kalkwüste« entstehen, weil der Pflanzenwuchs von dem im Boden enthaltenen Wasser abhängig ist. Das Abholzen von Wäldern und Roden der ursprünglichen Vegetation hat viele Karstgebiete unfruchtbar gemacht, weil wenige Regenfälle genügten, die in Jahrtausenden angesammelte und von den Pflanzenwurzeln festgehaltene Bodenkrume wegzuschwemmen. Nur mühsam und sehr langsam lassen sich die Karstgebiete wieder aufforsten. Deshalb ist im Karst jeder Tropfen Wasser doppelt kostbar.
Die unterirdischen Wasserläufe und Wasserspeicher in Kalkgebieten sind, wenn

ihre Lage genau bekannt ist, von großer Bedeutung. Kennt man nach entsprechender Erkundung Lage und Verlauf unterirdischen Wassers in einem Kalkgebiet genau, so kann man gefiltert werden wie normales Grundwasser. Im Zusammenhang mit hydrologischen Untersuchungen spielt deshalb die Analyse des Reinheitsgrades eine sehr große Rolle. Dies ist

Stalaktiten in einer englischen Höhle (Balch Cave)

das Wasser für die Bewässerung an der Oberfläche und für Trinkwasserzwecke gewinnen. Es muß hier allerdings gesagt werden, daß Karstwässer häufig bakteriologisch nicht einwandfrei sind, da sie längst nicht so gut und so lange kein Feld für Laien, doch können die Ergebnisse jeder Höhlenerkundung, auch wenn sie von Laien stammen, der hydrologischen Forschung eine Hilfe sein — immer vorausgesetzt, daß sie sorgfältig gewonnen wurden.

Die Anwendung von Farbstoffen: An Schwinden enden öfters die Möglichkeiten der direkten Untersuchung unterirdischer Hohlraumsysteme. Wenn auch der Mensch dort von dem 1 kg genügt, um etwa 35 000 cbm Wasser einen grünlich fluoreszierenden Farbton geben. In der Praxis muß man bisweilen stärkere Konzentrationen verwenden, da manche

Sinterröhren in der Dan-yr-Ogof-Höhle in England

nicht weiter kann, so ist doch das Wasser in der Lage, Farbstoffe mitzunehmen, die sein Wiederauftauchen in Höhlen und Oberflächenquellen besser erkennen lassen. Der am häufigsten verwendete Farbstoff ist Fluorescein, Stoffe das Fluorescein absorbieren. Der Vorteil von Fluorescein liegt in seinem geringen Preis und in seiner guten Löslichkeit auch in kaltem Wasser. Bei höherer Konzentration ergibt es eine orange gefärbte Lösung.

Färbeversuche sollte man tunlichst bei Hochwasser unternehmen, wobei alle in Frage kommenden Quellen unter Beobachtung zu halten sind. Die Beobachtungsdauer kann sich sehr in die Länge ziehen; In Padirac in Frankreich kam z.B. gefärbtes Wasser erst nach 100 Tagen an einer etwa 11 km entfernten Stelle wieder an die Tagesoberfläche. Man sollte in den ersten drei Tagen eines solchen Versuches alle drei Stunden eine Wasserprobe an jeder Quelle entnehmen, an den nächsten drei Tagen alle 8 Stunden und in der folgenden Woche alle 24 Stunden. Nach zwei Wochen genügt eine Entnahme von Proben an jedem zweiten oder dritten Tag. Die Proben sollten im Dunkeln aufbewahrt werden; da das Fluorescein in schwach saurem Wasser unsichtbar ist, kann man durch einige Tropfen Ammoniakwasser in der Probe den Farbeindruck auslösen.

An Stelle der häufigen Kontrollen kann man aber auch Holzkohledetektoren in die Quellaustritte legen. Sie absorbieren das Fluorescein und werden in den genannten Zeitabständen gegen neue ausgetauscht.

Außerdem gibt es die Möglichkeit, mit radioaktiven Stoffen oder auch mit Bärlappsporen das verschwindende Wasser zu kennzeichnen und später wieder aufzufinden. Bärlappsporen sind so fein, daß sie vom Wasser außerordentlich lange mitgeführt werden. Sie lassen sich dann mit Planktonnetzen wieder auffangen. Färbt man die Bärlappsporen vorher, so kann man mehrere Schwinden durch verschiedene Farben gleichzeitig markieren. Die radioaktiven Markierungsstoffe dürfen nur unter besonderen Umständen und nur von Fachleuten angewandt werden.

Paläontologische und archäologische Entdeckungen und Ausgrabungen

Die Geschichte der jüngsten Erdvergangenheit, des Eiszeitalters, und die Frühgeschichte des Menschen sind in den letzten hundert Jahren intensiv erforscht worden. Höhlenablagerungen haben bei dieser Erforschung eine bedeutende Rolle gespielt. Zahlreiche Eiszeittiere haben in Höhlen Schutz vor den Unbilden der Witterung, besonders im Winter, gefunden; einige, wie z.B. der Höhlenbär, haben sich im Laufe ihrer Entwicklung unmittelbar an das Höhlenleben angepaßt. Andere Tiere sind als Beute von Raubtieren und Menschen in Höhlen verschleppt worden; so legen einzelne Knochen, Skelette und mächtige Knochenablagerungen Zeugnis vom reichen Tierleben der Eiszeiten ab, geben aber auch Auskunft über die Jagdbeute unserer frühen Vorfahren. Die frühen Menschen haben zudem ihre Feuerstellen sowie Gebrauchs- und Kultgegenstände in Höhlen hinterlassen, manchmal sogar ihre Toten. Da die bewohnten und belebten Höhlenabschnitte Tieren und Menschen gut zugänglich sein mußten, finden wir heute interessante archäologische und paläontologische Fundstellen unter vorragenden Felsdächern, niedergebrochenen Höhleneingängen und in jenen Teilen von Höhlensystemen, die nahe der Oberfläche und dem Eingang liegen.

Manche solcher Fundstellen sind schon auf das genaueste wissenschaftlich untersucht worden und haben uns wertvolle Einsichten in die Vergangenheit erlaubt. Andere wurden von Laien in Raubgrabungen geplündert. Unwiederbringliche Verluste sind auf diese Weise entstanden, manches prächtige Fundstück hat, aus dem Zusammenhang der Fundstelle gerissen, einen erheblichen Teil seiner Aussagekraft verloren und einen großen Teil seines wissenschaftlichen Wertes eingebüßt.

Die meisten paläontologischen und archäologischen Fundstücke sind keineswegs so kostbar, wie es sich die Finder erhoffen. Meist erhalten sie erst durch die wissenschaftliche Bestimmung oder Bearbeitung einen gewissen Geldwert, der selten bedeutend ist. Deshalb sollte jeder, der eine Höhle erkundet und dabei auf prähistorische Reste und Fossilien stößt, Fachleute zu Rate ziehen, sich von ihnen anlernen lassen oder — bei wissenschaftlich bedeutenden Funden — ihnen das Ausgraben ganz überlassen. In den meisten Fällen wird der Finder den Wissenschaftlern als Helfer willkommen sein und zum Mitarbeiter werden können. Ist er wirklich an den

Funden interessiert, so wird ihm das mehr bedeuten, als wenn er eine Ausgrabung alleine durchführt und dann erfahren muß, daß er dabei unabsichtlich eine wissenschaftliche Schatzkammer zerstört hat. Fachleute, die man um Rat bitten kann, gibt es in den größeren Museen und in einigen Heimatmuseen, den Geologischen Landesämtern und an den Instituten für Geologie und Paläontologie, für Anthropologie und für Frühgeschichte der Universitäten und bei den Landesdenkmalsämtern. Zumindest kann man bei einer dieser Stellen die Adresse eines Fachmannes erfragen.
Ganz besondere Beachtung und Schutz verdienen natürlich prähistorische Ritzzeichnungen und Malereien an Höhlenwänden und -decken.

Eishöhle in den französischen Pyrenäen (Grotte Casteret)

Tropfsteingalerie in der Igue de Goudou (Frankreich)

TEIL V

Wo gibt es Höhlen?

Höhlen in Mitteleuropa: Wir haben bereits festgestellt, daß sich Höhlen vorzugsweise in Kalkgesteinen finden. Sind sie in anderen Gesteinen mehr zufällige Bildungen, so können sie für die Kalkge-

steine als eine kennzeichnende Verwitterungs- und Abtragungserscheinung gelten.
Wie überall auf der Erde, so sind auch in Mitteleuropa, der Wiege der Höhlenforschung, nur in den Kalkgebieten die Höhlen wirklich zahlreich anzutreffen. In Deutschland müssen an erster Stelle die ausgedehnten Jurakalk-Regionen der Fränkischen und Schwäbischen Alb genannt werden. In Franken erstreckt sich der Karst über ein Gebiet von annähernd 7 000 Quadratkilometer, in dem man 10 Karsthochflächen voneinander unterscheiden kann. Ungezählte Höhlen sind dort wohl vorhanden, etwa 1500 registriert und einige von ihnen wegen interessanter Funde schon lange bekannt. An einigen Orten gibt es Großhöhlen, die auch für den Tourismus erschlossen sind. Die Höhlen der Fränkischen Schweiz, die ja ein beliebtes Urlaubsziel ist, sind weithin bekannt. Aus der Gegend von Streitberg wären die Binghöhle, die Schonstein- und die Zeugenhöhle und die Bismarcksgrotte zu nennen; bei Pottenstein liegt außer der bekannten Teufelshöhle noch eine Anzahl kleinerer Höhlen. Weiter im Süden gibt es im Altmühltal Höhlen, von denen hier das Große Schulerloch aufgeführt werden soll.
Im Gebiet der Schwäbischen Alb kann man sich am besten an Hand des Albführers über die größeren und die jeweils für den Tourismus erschlossenen Höhlen orientieren. Größere Berühmtheit haben das Gutenberger Höhlensystem zwischen Gutenberg und Schopfloch, die Nebelhöhle bei Genkingen, die Bärenhöhle bei Erpfingen, die Charlottenhöhle bei Hürben, die Rosensteinhöhlen bei Heubach und die Laichinger Tiefenhöhle erlangt. In der Umgebung der Stadt Urach gibt es neben anderen geologischen Sehenswürdigkeiten mehrere Höhlen, von denen die Falkensteiner Höhle die bekannteste und mit etwa 3 km Länge zugleich die größte derzeit bekannte Höhle der Schwäbischen Alb ist. Alles in allem sind aus dem Gebiet der Schwäbischen Alb bis jetzt mehr als 700 Höhlen bekannt und erfaßt. Außerordentlich zahlreich sind dort andere Karsterscheinungen. Von ihnen nennen wir hier die großen Quelltöpfe und die Donauversickerung.

Von der bekannten Donauversickerung bei Immendingen, Möhringen und Fridingen läßt sich das Donauwasser über mehr als 12 km unterirdisch in südlicher Richtung mit Färbeversuchen verfolgen. Es taucht dann im Aachtopf wieder auf, der je nach Jahreszeit 10 000 bis 25 000 Liter Wasser pro Sekunde schüttet — Donauwasser, das mit der Aach dann in den Bodensee fließt. Der bekannte Blautopf bei Blaubeuren hat keine so starke Schüttung. Er wird durch das Wasser eines ausgedehnten Höhlensystems gespeist; Höhlentaucher konnten bisher nur den Beginn dieses Höhlensystems erkunden.

Nächst dem Fränkischen und Schwäbischen Jura ist das bedeutendste deutsche Höhlengebiet das nördliche Rheinische Schiefergebirge, besonders Sauerland und Bergisches Land. Hier sind es Kalkgesteine des Erdaltertums (Paläozoikum) und zwar der Devon- und Karbon-Formation, die vielen kleinen, aber auch einigen recht bedeutenden Höhlen Raum bieten. Eine kleine Höhle im Neandertal bei Düsseldorf hat durch den ersten Fund eines »Neandertalers« — zumindest dem Namen nach — welt-

Touristen befahren die Mammoth Cave, Kentucky, U.S.A.

weite Berühmtheit gewonnen. Bei Ennepetal liegen die Klutert-Höhlen, die mit den mehr als 3,5 km Länge ihrer Gangsysteme eines der größten deutschen Höhlensysteme darstellen und zudem wegen ihrer Heilkraft einen guten Namen haben. Bei Elberfeld gibt es die Hardt-Höhlen. Unter den vielen Höhlen des Lennetales, die wir z.B. in der Umgebung von Hohenlimburg und Letmathe finden, ist die Dechenhöhle (zwischen Letmathe und Iserlohn) die wohl bekannteste.

Auch im Hönnetal gibt es zahlreiche Höhlen; von ihnen seien hier die Balverhöhle, die Reckenhöhle und die Feldhofhöhle genannt. Die bedeutendste und schönste Höhle des Sauerlandes ist zweifellos die Attahöhle bei Attendorn, die durch Steinbruchbetrieb entdeckt wurde. Aber auch im Ostsauerland gibt es schöne Höhlen, z.B. die Bilstein-Höhlen bei Warstein und kleinere Höhlen in der Gegend von Brilon.

Im Harz ist das Höhlengebiet von Rübeland mit der Baumanns-, der Biels- und der Herrmannshöhle schon seit Jahrhunderten eine Touristenattraktion. Auch im devonischen Kalkklotz des Iberges bei Bad Grund liegt eine Tropfsteinhöhle. Sonst gibt es im Harz Höhlen nur vereinzelt, doch sind in seinen Randgebieten einige Höhlen von der Entstehung her sehr interessant. Es handelt sich bei ihnen nämlich um Höhlen in Gipsgestein. Die berühmteste Gipshöhle liegt im Kyffhäuser: nämlich die Barbarossa-Höhle bei Rottleben. In Thüringen und in der Sächsischen Schweiz gibt es einige Höhlen, von denen einzelne (wie z.B. die Hyänenhöhle bei Gera) durch paläontologische und urgeschichtliche Funde bekannt geworden sind.

Die übrigen deutschen Mittelgebirge sind arm an Höhlen. Trotz der großen Verbreitung von Kalkgesteinen in der Eifel gibt es dort nur einige kleinere Höhlen. Das gilt auch für den Hunsrück, wo im Kalkgebiet von Stromberg kleine Höhlen entdeckt wurden. Im Odenwald gibt es bei Auerbach ein größeres Marmorvorkommen, in dem auch Höhlenräume liegen. Der Schwarzwald und der Spessart haben nur ganz vereinzelt kleine Höhlen aufzuweisen, desgleichen Taunus, Fichtelgebirge, Bayrischer Wald und Böhmerwald. Am Rand des Westerwaldes, namentlich in den devonischen Kalken an der mittleren Lahn und westlich von Dillenburg, haben sich einige Höhlen gebildet, die als urgeschichtliche Fundstellen Bedeutung hatten. Die bekanntesten Höhlen im Raum von Limburg sind allerdings heute durch den Abbau der Kalksteine verschwunden.

Der Alpenraum gehört zu den wichtigsten Höhlengebieten Europas. Die nördlichen Kalkalpen bieten im Südzipfel Deutschlands, im Zugspitzplatt und in den Berchtesgadener Alpen, einige Höhlen, die sehenswert sind. Die Schellenberger Eishöhle im Untersberg bei Marktschellenberg (Berchtesgaden) ist die einzige große Eishöhle Deutschlands. Nicht weit von ihr liegt auch die längste zur Zeit bekannte deutsche Höhle, die Salzgrabenhöhle mit einem etwa 5 km langen System von Gängen.

Österreich hat die meisten seiner Höhlen in den nördlichen Kalkalpen. Dort, wie auch in den südlichen Kalkalpen, finden sich die größten Höhlen in Kalksteinen der Triaszeit. Die zur Zeit tiefste bekannte Höhle Österreichs ist die Gruberhornhöhle (710 m Tiefe) im Hohen Göll; die längste ist, mit etwa 15 km, die Tantalhöhle im Hagengebirge. Im Tennengebirge liegt die größte Eishöhle der Welt, die Eisriesenwelt, mit einer Länge von knapp 50 km. Bei Obertraun in Oberösterreich befindet sich der Dachsteinhöhlenpark mit mehreren großen Höhlen (Dachsteinmammuthöhle, Dachsteinrieseneishöhle, Koppenbrüllhöhle); dort wurde auch ein Karstobservatorium errichtet, wie überhaupt die Karst- und Höhlenforschung in Österreich sehr intensiv betrieben wird. Aus den südlichen Kalkalpen sind die Höhlen des Hochobir und der Villacher Alpen zu nennen sowie die Griffener Tropfsteinhöhle bei Griffen in Kärnten. Kalksteine des Erdaltertums bilden den mittelsteirischen Karst. In ihm liegen einige Höhlen, darunter die tropfsteinreichste Höhle des Landes, das Katerloch bei Weiz.

In der Schweiz gibt es zahlreiche Höhlen in den Kalken der Schweizer Juraketten und in den Kalkgebieten der Voralpen sowie des Gebietes südlich der Innerschweiz. Bedeutsam sind im Kanton Waadt die Rochers de Naye und das Gebiet von Leysin, wo auch die tiefste Höhle der Schweiz (Gouffre du Chevrier, 504 m) liegt. Im Simmental gibt es urgeschichtlich interessante Höhlen und bei Interlaken das große System der sehenswerten Beatushöhle. Die Schweiz hat auch die größte zur Zeit vermessene Höhle der Erde. Es ist das Hölloch im Muotatal bei Luzern, in dem Höhlengänge mit einer Gesamtlänge von mehr als 100 Kilometern inzwischen vermessen sind. Die ausgedehnten Kalkgebiete im Kanton Tessin sind ebenfalls reich an Höhlen.

Höhlen im übrigen Europa: Alle Länder, in deren Untergrund an manchen Stellen Kalkgesteine, Dolomit oder Gipsgesteine vorkommen, haben mehr oder weniger ausgedehnte Höhlen. Die Erschließung dieser Höhlen für das Publikum und den Fremdenverkehr ist in manchen Ländern sehr weit fortgeschritten, in anderen weniger oder gar nicht. Das gleiche gilt für den Höhlensport, der in einigen Ländern, wie z.B. in England und Frankreich, ein außerordentlich verbreitetes und beliebtes Hobby ist. In England gibt es z.B. zwischen 300 und 400 verschiedene Höhlen-Clubs mit einer Mitgliederzahl, die nach Schätzungen zwischen 5 000 und 10 000 liegen soll. In anderen Ländern haben nur wenige Außenseiter diese Liebhaberei. Die Erschließung der Höhlen steht meist mit der wirtschaftlichen Entwicklung und dem Fremdenverkehr eines Landes im Zusammenhang. Der Höhlensport wird nur dort gefördert, wo der Freizeitgestaltung ein größerer gesundheitlicher und wirtschaftlicher Wert zugemessen wird.

In der Sowjetunion gibt es zahlreiche Karstgebiete, teils im Kalk- und Dolomitgestein, teils im Gipsgestein. Offenbar hat sich dort noch kein Höhlensport entwickelt, doch die wissenschaftlichen Untersuchungen von Karsterscheinungen im allgemeinen und auch die Höhlenforschung selbst sind weit vorangetrieben worden. Das geschah besonders im Zusammenhang mit praktischen Fragen und aus wirtschaftlichen Gründen, wie z.B. der Suche nach nutzbaren Lagerstätten von

Kalkstein und Marmor, der Erfassung von Wasserreserven und den geologischen Kartierungen.

In Polen wird der Erkundung von Höhlen ein breiteres Interesse entgegengebracht, wobei die Universitäten eine große Rolle spielen. Die wichtigsten Höhlen Polens liegen im Süden, im Gebiet der Hohen Tatra.

In den skandinavischen Ländern Dänemark, Finnland, Norwegen und Schweden sind nur kleinere Kalkgebiete weit verstreut vorhanden. Zu nennen wären hier die Ostseeinseln Gotland und Öland, die Landschaft Dalarne in Mittelschweden sowie einige Gebiete in Südschweden und im nördlichen Norwegen, nahe dem Polarkreis. Die Höhlen, die es dort gibt, sind in den letzten Jahren eingehender erforscht worden.

England, die Heimat außerordentlich vieler Höhlenliebhaber, hat einige bedeutende Höhlengebiete. Zu ihnen gehören die Regionen mit Karbonkalken im nordwestlichen Yorkshire und der »Peak District« weiter im Süden. Auch die Hochfläche der Mendips, unweit Bristol, ist sehr höhlenreich. Man kennt diese Höhlen schon lange, wohingegen die schönen Höhlen des südlichen Wales erst im Lauf der letzten 40 Jahre eingehender erforscht wurden. Auch die Insel Irland ist, besonders im Norden und Westen (Grafschaft Clare), reich an Höhlen.

In Frankreich sind mehr als 10 000 Höhlen erfaßt und viele von ihnen schon eingehender untersucht. Darunter sind die Höhlen des Périgord, die wegen ihrer prächtigen steinzeitlichen Malereien und Zeichnungen weltberühmt sind. Die Höhle von Lascaux mußte leider wegen Gefährdung der Wandgemälde für den Publikumsverkehr geschlossen werden, hingegen sind zahlreiche andere Höhlen, darunter die von Rouffinac, mit vielen Tierdarstellungen allgemein zugänglich. Im Zentrum der urgeschichtlich interessanten Gebiete der Dordogne liegt Les Eyzies, mit vielen Höhlen in der Nachbarschaft. Etwas weiter im Osten bieten die Kalkregionen der Causses bedeutende Höhlen, unter ihnen den Gouffre de Padirac und den Aven Armand. Weit verbreitet sind Höhlen in den französischen Alpen, sowohl in den Juraketten wie in den Seealpen, von denen hier nur die Gouffre Berger und die Tropfsteinhöhle im botanischen Garten von Monaco genannt werden sollen. Im Südosten des Landes haben die Pyrenäen einige ausgedehnte und vielgestaltige Höhlengebiete. Dort gibt es die unterschiedlichsten Höhlen: Wasserhöhlen, Eishöhlen, wie die Casteret-Eishöhle, und viele urgeschichtlich bedeutende Höhlen, wie z.B. die von Niaux. Belgien hat einige Höhlen in den Ardennen, unter ihnen die bekannte Höhle von Han-sur-Lesse.

Die Höhlen Spaniens liegen hauptsächlich in den westlichen Pyrenäen und im Kantabrischen Gebirge. In der weiteren Umgebung von San Sebastian gibt es zahlreiche bedeutende Höhlen. Unter ihnen ist die Höhle von Altamira mit ihren herrlichen steinzeitlichen Decken- und Wandgemälden die bekannteste. Auch die Höhlen des Monte del Castillo südlich von San Sebastian weisen viele bildliche Darstellungen aus der Steinzeit auf. Von ihrer Größe her ist die Cueva de Mairuelegorreta bemerkenswert, doch erreicht sie mit 10 km Länge nicht die Ausmaße des in der Provinz Burgos gelegenen größten Höhlensystems des Landes, der Cueva Ojo Guarena, von dem bis jetzt etwa 25 km vermessen sind. Im Süden Spaniens gibt es zahlreiche kleinere Höhlen in der Provinz Alicante und in der Provinz Malaga, wo der Guadares als Höhlenfluß die Cueva del Gato über eine weite Strecke durchströmt.

Portugal hat große Kalkgebiete und ausgedehnte Höhlensysteme; ihre Erforschung ist im Gange, und einige Höhlen sind auch bereits für Touristen zugänglich.

In Italien hat die Höhlenforschung schon früh in der Societa Alpina delle Giulie unter E. Boegan eine große Aktivität erreicht. Boegan hat damals mit einem Abstieg in die Spluga della Preta einen Tiefenweltrekord aufgestellt. Die Höhlenforschung wird heute in Italien intensiv betrieben, was sich in vorzüglichen Fachzeitschriften ausdrückt, aber auch darin, daß — wie in Österreich und Jugoslawien — die Karstuntersuchung an den Universitäten einen Schwerpunkt in Lehre und Forschung darstellt. Die Bedeutung des Karstes für Bevölkerung und Wirtschaft in diesen Ländern sichert den Karstproblemen dort ein großes öffentliches Interesse. Mehr als 10 000 Höhlen sind in Italien bekannt. Ein erheblicher Teil von ihnen liegt in dem an den jugoslawischen Karst angrenzenden Triestiner Karst sowie in den Südalpen und in der Lombardei. Erhebliche Teile des Appenin sind von Höhlen durchsetzt, und die Küsten Italiens weisen zahlreiche interessante Höhlen auf, von denen die Blaue Grotte der Insel Capri fast jedem Touristen bekannt ist. In Apulien hält die mit Fahrstuhl befahrbare Grotta di Castellana in der Provinz Bari einen Besucherrekord: mehr als 100 000 Menschen fahren jährlich in sie ein.

Auch Sizilien und Sardinien haben Höhlen, letzteres sogar die größte Höhle Italiens, die Grotta del Bue Marino bei Dorgali.

Viele Mittelmeerinseln, wie z.B. die Balearen und Malta, werden von Kalkgesteinen aufgebaut und haben interessante und dem Touristenverkehr erschlossene Höhlen. Von den Balearen (Mallorca) sei hier nur die Cueva del Drach mit einem 180 m langen Höhlensee genannt, von Malta die Höhle Ghar Dalam.

In Mittel- und besonders Südosteuropa hat man mit der Karstforschung begonnen. Der Karst hat seinen Namen von jener Landschaft, die sich in Jugoslawien zwischen Triest und Laibach (Ljubliana) erstreckt, und in der schon im 19. Jahrhundert die ersten großen Erkundungen unterirdischer Welten vorgenommen wurden, als das Gebiet noch ein Teil der Donaumonarchie war. Zu Beginn des 20. Jahrhunderts lagen hier die tiefsten, damals bekannten Höhlen überhaupt, und auch heute ist es ein einmalig schönes Erlebnis, eine der großen und in der ganzen Welt bekannten Höhlen wie die Adelsberger Grotte (Postojnska jama), die Rekahöhle bei St. Kanzian (Skocjanske jame) oder den Zirknitzer See (Cerknezmo jezero) befahren zu können. Jugoslawien ist eines der höhlenreichsten Länder überhaupt. Nicht nur im slowenischen Karst, sondern auch im Süden der Halbinsel Istrien und in der Herzegowina gibt es ausgedehnte Höhlensysteme.

Ungarn wird im Norden von einem Karstgebiet durchzogen, das in seinem an die

Tschechoslowakei angrenzenden Teil zahlreiche Höhlen aufweist; unter ihnen ist ganz im Norden die Aggleteker Höhle, deren Gänge eine Gesamtlänge von etwa 20 km haben.

In der Tschechoslowakei weist der südslowakische Karst, der sich über etwa 800 km^2 erstreckt, viele Höhlen auf, darunter die tiefsten des Landes. Aber auch in den Karpathen sind schon mehr als 100 Höhlen beschrieben, unter ihnen die Demänova-Höhle in der niederen Tatra mit 6 Höhlenstockwerken und mehr als 20 km vermessenen Höhlenstrecken.

In den Karpathen liegen auch die bedeutendsten Höhlen Rumäniens; dort wurde im Jahre 1920 das erste Institut für Höhlenforschung in Klausenburg (Cluj) gegründet. Weithin berühmt sind der herrliche unterirdische Gletscher von Ghertarnl de Scarisoara und die fossilreiche Adamhöhle in der Dobrudscha.

In Bulgarien sind mehr als 2 000 Höhlen bekannt, und Griechenland hat ebenfalls Höhlen in großer Zahl, deren Erforschung aktiv betrieben wird. Viele der Höhlen Griechenlands haben in der Antike als Kultstätten gedient und spielten in der Sagenwelt der alten Griechen eine große Rolle.

Höhlen außerhalb Europas: In Afrika sind Karstgebiete unterschiedlicher Größe sowohl in Nordafrika, als auch in Zentralafrika verbreitet. Die meisten der vorhandenen Höhlen sind unerforscht, großenteils sogar wohl nur wenigen Einheimischen bekannt. Besser weiß man über die großen Höhlensysteme Bescheid, die sich auf der Insel Madagaskar finden. In Südafrika sind die bekannten Höhlen gründlich erforscht worden und haben zahlreiche Funde enthalten, die für die Frühgeschichte des Menschen wichtige Dokumente darstellen. In der Kapprovinz, dem südlichsten Zipfel Afrikas, gibt es herrliche Höhlen bei Cango.

Im Nahen Osten haben Höhlen und der unterirdische Fluß von Jeita im Libanon einige Berühmtheit erlangt. Der größte Teil der Höhlen der Türkei ist noch nicht eingehend erforscht.

Asien hat in der chinesischen Provinz Yünnan, in Laos und Nordvietnam, in Burma und Malaysia einige größere Karstgebiete. Auch in Japan gibt es einige Höhlengebiete von größerer Bedeutung.

Die Erforschung der Höhlengebiete Australiens ist noch voll im Gange. Es gibt dort bereits mehrere höhlenkundliche Gesellschaften, die sehr aktiv sind. Die australischen Höhlen liegen hauptsächlich in den Nullarbor Plains und in den australischen Alpen. Neu-Seeland hat Höhlen auch in vulkanischen Gesteinen. Dort ist die Glühwürmchengrotte von Waitomo berühmt — die Glühwürmchen sind allerdings keine Käfer oder Käferlarven, sondern Fliegenlarven, die leuchten.

Die ausgedehntesten Höhlengebiete des nordamerikanischen Kontinents liegen in den Vereinigten Staaten, wo mehr als 30 000 Höhlen bekannt sind und über 1 500 Höhlenfreunde sich in der National Speleological Society zusammengeschlossen haben. Die berühmtesten Höhlen sind die Mammoth-Cave, von der 51 Meilen vermessen sind, und die nahe Cave City (Süd-Kentucky), die in einem 210 km^2 großen Nationalpark liegt, der auch noch andere Höhlen einschließt. Ebenfalls in einem Nationalpark liegen die Carlsbad Caverns, in denen eine Strecke von 11 km elektrisch beleuchtet ist. Etwa eine halbe Million Besucher kommt jährlich hierher. Es ist unmöglich, an dieser Stelle einen auch nur allgemeinen Überblick über die weiteren Höhlen Nordamerikas zu geben.

Mexiko ist ebenfalls ziemlich reich an Höhlen, doch sind die meisten von ihnen kaum bekannt und unerforscht. Bei Mexiko City liegt die bekannteste mexikanische Höhle, die 12 km lange Gruta de Cacahuamilpa. Andere ausgedehnte Höhlen gibt es auf der Halbinsel Yucatan, wo die Höhle von Cenote bekannter ist.

Die Zahl der südamerikanischen Höhlen ist kaum annähernd bekannt und nur die Namen einiger großer Höhlen, wie die Lanquin-Höhle in Guatemala und die schon von Alexander von Humboldt besuchte Guacharo-Höhle in Venezuela, sollen hier als Beispiele genannt werden.

Verstürzter und ausgeschwemmter Höhlenteil

Fachbegriffe und Fremdwörter

Abrasion: Abtragung, Abschleifung von Gestein durch Wasser

Biwak: ein Lager im Freien (bzw. in einer Höhle)

biwakieren: ein Lager aufschlagen; im Freien (bzw. in einer Höhle) lagern

Brekzie: zertrümmertes Gestein

Erosion: Auswaschung, Abtragung von Gestein durch Wasser und Wind

Excentriques: besonders seltsame und bizarre Stalaktiten

Fauna: die Tierwelt eines bestimmten Gebietes; Höhlenfauna: die Tierwelt der Höhlen

Fissur: Riß, Spalte, Einschnitt

Flora: die Pflanzenwelt eines bestimmten Gebietes; Höhlenflora: die Pflanzenwelt der Höhlen

Fluorescein: Farbstoff zur Markierung unterirdischer Wasserläufe

Guano: massenhafte Kotablagerung

Hydrologie: Gewässerkunde

Kalzit: Kalkspat

Kamin: schmaler, steiler Felsspalt

Karabinerhaken: Sicherheitshaken mit federndem Verschluß

Karbid: Verbindung von Kohlenstoff mit einem Metall oder Halbmetall

Klinometer: Vorrichtung zum Messen einer Neigung gegen die Horizontale

Korrosion: Veränderung oder Zerstörung von Gestein durch Wasser oder Chemikalien

Paläontologie: Lehre von den Lebewesen vergangener Erdzeitalter

schliefen: gleiten, kriechen, schlüpfen

Siphon: Wasserverschluß; Passage unter Wasser

Speläologie: Höhlenkunde

Stalagmit: von unten nach oben wachsendes Tropfsteingebilde

Stalaktit: von der Höhlendecke nach unten wachsender Tropfstein

traversieren: quer durchschreiten, durchkreuzen.

Stalagmiten-Gruppe in der Igue de Goudou, Frankreich

Lichtschimmer am Höhlenausgang

Register